身边亲近的化学

U0605759

氧化和还原

纸上魔方/编绘

北方妇女儿童出版社

长春

图书在版编目（CIP）数据

　　氧化和还原/ 纸上魔方编绘. –– 长春：北方妇女儿童出版社,2016.1（2022.7 重印）
　　（身边亲近的化学）
　　ISBN 978–7–5385–9639–7

　　Ⅰ.①氧… Ⅱ.①纸… Ⅲ.①化学—少儿读物
Ⅳ.①O6–49

中国版本图书馆CIP数据核字（2015）第273358号

身边亲近的化学·氧化和还原

SHENBIAN QINJIN DE HUAXUE　YANGHUA HE HUANYUAN

出 版 人	师晓晖
责任编辑	曲长军
开　　本	889mm×1194mm　1/16
印　　张	10
字　　数	150千字
版　　次	2016年1月第1版
印　　次	2022 年 7 月第 4 次印刷
印　　刷	旭辉印务（天津）有限公司
出　　版	北方妇女儿童出版社
发　　行	北方妇女儿童出版社
地　　址	长春市福祉大路 5788 号
电　　话	总编办：0431-81629600
	发行科：0431-81629633

定　　价　　22.80元

前言

　　提起化学，这似乎是个让很多孩子头疼、害怕的难题。化学难道真的深奥复杂、生涩难懂吗？当然不是，本系列丛书摒弃了复杂的化学方程式，通过实际生活中的小故事来讲解化学知识，让大家的化学学习过程变得轻松愉快，有滋有味。整体内容贴近生活又不落俗套，既有常规基础知识，也有新颖另类的一面。既能引起孩子的好奇心，又符合小朋友的认知。

　　仅仅依赖阅读文字是无法彻底吸引小朋友的眼球的，那些夸张而又搞笑的漫画才是本书的精髓！小朋友可以跟着漫画的脚步，轻松掌握化学知识。读完本书后，大家一定会惊异于自己身上发生的变化。大家对化学的畏惧感已全然消失，取而代之的是对科学问题的无限好奇。打开这本书，一起来感受化学世界的神奇吧！

目 录

第一章

我叫氧，世界缺不了我

万物生长离不开阳光，花草树木需要雨露的滋润。阳光和雨露对这个世界很重要，但有一种东西更重要，世界离不开它。

那就是氧，也就是大家常说的氧气。

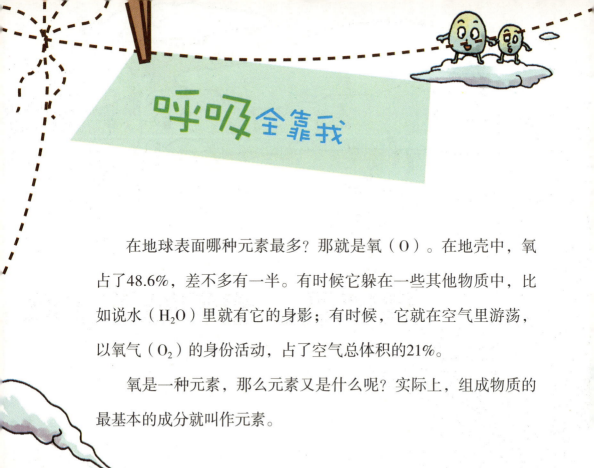

呼吸全靠我

在地球表面哪种元素最多？那就是氧（O）。在地壳中，氧占了48.6%，差不多有一半。有时候它躲在一些其他物质中，比如说水（H_2O）里就有它的身影；有时候，它就在空气里游荡，以氧气（O_2）的身份活动，占了空气总体积的21%。

氧是一种元素，那么元素又是什么呢？实际上，组成物质的最基本的成分就叫作元素。

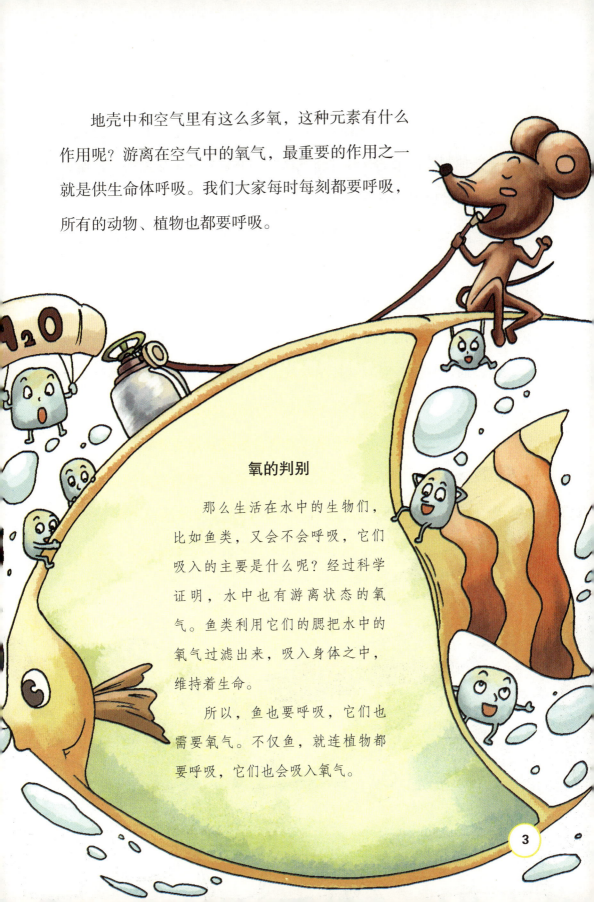

地壳中和空气里有这么多氧，这种元素有什么作用呢？游离在空气中的氧气，最重要的作用之一就是供生命体呼吸。我们大家每时每刻都要呼吸，所有的动物、植物也都要呼吸。

氧的判别

那么生活在水中的生物们，比如鱼类，又会不会呼吸，它们吸入的主要是什么呢？经过科学证明，水中也有游离状态的氧气。鱼类利用它们的腮把水中的氧气过滤出来，吸入身体之中，维持着生命。

所以，鱼也要呼吸，它们也需要氧气。不仅鱼，就连植物都要呼吸，它们也会吸入氧气。

在呼吸时，我们吸入的有用的空气成分，就是氧气。首先发现氧气的是英国人约瑟夫·普利斯特里。他给老鼠和他自己吸了一些他制造出来的这种"新气体"，并且发现老鼠显得很舒服，而他自己也感到神清气爽。

正是他，证明了人和动物吸入空气，就是为了获取其中的氧气。

人、动物和植物吸入了氧，呼出的是什么？

有个神奇的小魔术：桌子上放一杯清水。魔术师拿了一支吸管，插入水中，对着这杯水吹气。奇迹发生了——清水很快变成乳白色，成了一杯"牛奶"！

魔术当然是假的。"牛奶"根本不是牛奶，"清水"也根本不是清水。原来，杯里装的是石灰水，即氢氧化钙（$Ca(OH)_2$）。氢氧化钙遇到人呼出气体中的一种成分就发生了反应，生成白色的碳酸钙（$CaCO_3$）。碳酸钙会沉淀，但因为魔术师一直在吹气，所以形成碳酸钙颗粒，悬浮在水中，看起来就像牛奶的样子了。

那么人呼出的气体中到底有什么神奇的成分呢？原来是二氧化碳（CO_2）。

这个化学反应可以表示成一个化学反应方程式，如下：

$$CO_2 + Ca(OH)_2 = CaCO_3\downarrow + H_2O$$ （方程式中向下的箭头表示沉淀）

有氧才会有燃烧

除了供给生命体呼吸，氧气还有一个重要的作用，那就是支持燃烧。

大家都知道燃烧会发光、发热，这可是一种剧烈的化学反应呢！有火光、火焰才叫燃烧，人类的祖先在几百万年前就开始利用火，并且已经认识到怎样才能让物质燃烧了。

要燃烧，首先就要有可燃物。生活中常见的可燃物有木炭、木柴、煤炭等，我们用它们来加热、取暖、烹饪……用途可多了。

要点燃木炭、木柴、煤炭等可燃物还需要让它们达到一定

的温度，这个温度就叫作燃点（也叫着火点）。

只是有可燃物并且达到了燃点还不够，还要让可燃物暴露在空气中并且保持通风，才能引起燃烧并且让燃烧现象持续下去。

要点火就要在有空气的环境中，在密闭空间是很难点起火来的。而且我们还常说"风助火势"，大风会让燃烧更猛烈。这都是为什么呢？没错，原因就是空气中有氧气。

还是普利斯特里，他把制成的氧气灌接入放着一支点燃蜡烛的玻璃瓶里，发现蜡烛发出耀眼的光芒，证明了氧气在燃烧中的作用。

总结：燃烧的条件
●要有可燃物
●要有氧气
●要达到（燃点）着火点

在古时候，夜晚时人们常常会在坟地里看到一闪一闪的绿色火光，显得非常恐怖。当时人们缺乏一定的科学知识，看到这种现象就被吓坏了。以为这是鬼魂点的火光，所以称之为鬼火，并留下许多稀奇古怪的传说。

其实，鬼火本来就是火，只不过不是鬼魂点起来的。后来经过科学的解释，人们才慢慢了解了鬼火。

那是因为人类和动物骨骼中含有磷（P）。坟地里的尸体腐烂后，骨骼中的磷会发生一些化学反应，生成磷化氢（PH_3）。磷化氢的燃点很低，当它挥发到空气中，和空气中的氧气接触，在常温下就会燃烧，于是就产生了鬼火。

着火点

不同物质的燃点（着火点）不同，有高有低。白磷是常见的燃点较低的物质，40℃就能燃烧，下面是几种不同物质的燃点：

物质	白磷	红磷	木炭	汽油	氢气	一氧化碳
燃点（℃）	40	240	320～370	425～480	575～590	610～660

一把火烧出了什么

点燃一张纸，纸很快就燃尽了，变成了纸灰；架起一堆木柴烧烤，香喷喷的烧鸡、烤羊腿做好了，木柴也化为灰烬，随风飘散不见了。难道燃烧会让物质消失吗？当然不会。

其实，在燃烧过程中可燃物与氧气发生了变化，生成了另外一种物质。

比如纸张和木柴的主要成分都是碳（C），当它们燃烧时，碳和氧气反应，生成了二氧化碳。

$$C + O_2 = CO_2$$

二氧化碳是气体，"藏身"到空气中，当然就看不到了。

人和动物吸入的是氧气，呼出的是二氧化碳。燃烧消耗了氧气，产生了二氧化碳。可见二氧化碳不是人和动物生命活动所需要的物质，也不支持燃烧。

在二氧化碳含量过高的环境中人会产生气闷、头晕等不适感觉，严重时甚至会使人神志不清最终死亡。因此人在封闭的室内待久了应该为室内通风，排除人体呼吸排出的二氧化碳，交换氧气，让室内环境保持氧气的充足。

在室内生火，如果通风不好就会冒许多黑烟。在一支燃烧着的蜡烛的火焰上方架上一只平底碟子，很快，碟子底部就会出现一些黑色的物质。为什么会发生这些现象呢？这是因为通风不好的室内和火焰上的平底碟子影响了空气流通，使可燃物燃烧不完全，产生了杂质和一些其他物质。

如果氧气充足，可燃物就会完全燃烧（也可以说充分燃烧）。如果氧气不充足，可燃物就会不完全燃烧（又叫不充分燃烧）。不充分燃烧时，因为没有足够的氧和碳结合产生二氧化碳，燃烧过程中还会发生另一种反应，并生成一氧化碳。

$$2C+O_2=2CO$$

一氧化碳是个很坏的家伙，它抢在氧气前面进入人体，对人体机能产生破坏，使人中毒甚至死亡，因此十分危险。

直到今天仍然有许多人冬季在室内用煤炉或炭炉取暖，煤炭燃烧时因为氧气不足很容易产生一氧化碳，稍有不慎就会酿成惨祸。因此，应当避免在封闭的室内使用煤炭炉，如必须使用，应给煤炭炉加装烟囱，并注意通风。

阻止燃烧办法多

　　燃烧产生火，火对人类帮助很大，但它如果失去了控制就会造成灾难。面对火灾，人们积极地寻找灭火方法。

　　了解了燃烧的条件，大家是不是也能探索出灭火的方法呢？

　　没错，消除任何燃烧的条件，都能达到灭火的目的。比如减少或断绝可燃物，隔绝正在燃烧的物质与空气（主要是空气中的氧气）的接触，降低温度，使燃烧物温度下降到着火点以下等。

发生森林大火时消防队员经常在火场边缘挖出一条隔离带，就是为了防止隔离带以外的树木也被引燃。这样断绝了可燃物，森林大火也就会渐渐熄灭了。

如果家里的衣物着了火，不要慌，浇上一盆水就能灭火。这是利用了降低温度的办法。

在公共场所经常看到的干粉灭火器和泡沫灭火器会喷射出二氧化碳和干粉（干粉的主要成分是碳酸氢钙）、泡沫，二氧化碳阻止了燃烧，泡沫隔断了空气，起到灭火的效果。

想一想，还有哪些灭火的好方法呢?

小测验

一、地球表面物质中含量最多的元素是什么？它占地球表面物质总量的百分之几，又占空气中物质总量的百分之几？它有什么重要的作用？

答：地球表面物质中含量最多的元素是氧，它占地球表面物质总量的48.6%，占空气中物质总量的21%。它的重要作用是供人和动物呼吸。支持物质燃烧。

二、物质燃烧都需要哪些条件？当可燃物燃烧时，可燃物中的碳和氧气能生成什么？你能写出相关的化学反应方程式吗？

答：物质燃烧需要三个条件：①要有可燃物；②要

有氧气；③要达到着火点。在可燃物燃烧过程中，当氧气充足时，碳和氧气生成二氧化碳，氧气不充足时生成一氧化碳。

两种化学反应方程式为：

$$C+O_2=CO_2 \qquad 2C+O_2=2CO$$

三、怎样才能阻止燃烧？请根据阻止燃烧的原理，举例说明灭火的正确方法。如果有少量汽油燃烧，应如何灭火？

答：采取减少或断绝可燃物，隔绝燃烧物与氧气的接触，把燃烧物的温度下降到着火点以下等方法都可以灭火。例如：少量汽油燃烧时，应使用沙土覆盖，隔绝汽油与空气的接触，达到灭火的目的。

第二章

氧化无处不在

地球表面到处是氧，可空气中只有21%氧气，剩下的氧到哪儿去了？

人和动物都离不开氧，燃烧也需要氧。那么氧还有哪些重要的作用，又对这世界有什么重要影响呢？

藏身氧化物中

除了氧气，地球表面其他的氧都在哪儿，又是什么样的？

从前一章我们知道燃烧可以产生二氧化碳（CO_2）和一氧化碳（CO），它们都含有氧，叫作氧化物。

氧的本事很大，和很多物质都能够结合，产生各种各样的氧化物，像氧化铁（Fe_2O_3）、氧化铜（CuO）、氧化钠（Na_2O）、氧化钙（CaO）、二氧化硫（SO_2）等。

二氧化碳和一氧化碳是气体，但它们含有氧元素，已经不是单质元素的气体，而是化合气体了。二氧化硫也是气体，而且是一种主要的空气污染物。看来含有氧气的化合气体还真讨厌。

碳、硫都不是金属，所以由它们化合而成的氧化物叫作非金属氧化物。钙也不是金属，因此氧化钙属于非金属氧化物，不过氧化钙不是气体，而是白色粉末状的固体。

氧化铁、氧化铜、氧化钠都是金属氧化物，它们都是固体。

地球表面的氧元素，就这样大量藏身在各种各样的气态和固态氧化物中，当然也有一些藏在水里，还有一部分藏在含氧酸盐中。

臭氧层

在距离地面25千米的高空，地球披着一件保护性的外套。这件外套吸收了相当一部分太阳辐射，避免了地面上的生物受到强烈紫外线照射的伤害。这件外套就叫臭氧层，主要由臭氧（O_3）构成。

由于大气污染等原因，地球的这件保护外套正在受到破坏，我们大家要想办法减少环境污染，保护我们的臭氧层哦。

19

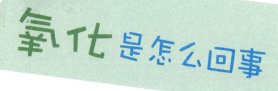

氧化是怎么回事

氧为什么会藏身到氧化物之中？氧化物又是怎么形成的呢？

前面说过，燃烧时燃烧物中的物质与氧气发生化学反应，生成了其他物质。氧就是通过这个化学反应的过程，藏到了别的物质之中。

化学反应是物质发生了化学变化，产生了新物质的过程。例如碳燃烧，碳和氧的性质、结构都发生了变化，生成二氧化碳和一氧化碳，这就是一种化学反应。

　　氧通过化学反应和别的物质生成含有氧的新物质，这个化学变化的过程就叫氧化，由此产生的新物质叫作氧化物。

　　世界上的氧化物都是在氧化过程中形成的，也就是说，氧化物的形成都经过了氧化这种化学反应。那么，氧化到底是怎么一回事呢？想想看：当碳遇上氧，发生燃烧时，碳就把氧变成了自己的一部分，这时候碳不再是碳，氧也不再是氧，两者形成了一种新物质——二氧化碳或者一氧化碳。所以，物质和氧结合生成氧化物的化学反应，叫作氧化反应。

身边的氧化反应

　　燃烧是一种激烈的发光发热的氧化反应。前面提到的那些氧化物，像氧化铁、氧化铜、氧化钠、氧化钙、二氧化硫等，也都是通过这样那样的氧化反应形成的。既然地球表面到处都是氧，氧化反应当然也就很常见。

　　我们点燃煤气灶或天然气灶，煤气或天然气与氧气燃烧，就发生了氧化反应。

　　我们剥开一根香蕉，削去苹果、梨子等水果或土豆、茄子等蔬菜的皮，暴露在空气中的水果、蔬菜表面颜色很快会变暗，叫作褐变反应，属于氧化反应的一种。

　　放久了的食物会发霉、腐烂，这些变化中同样包含了氧化反应。

　　铁在空气中和水中时间长了会生锈，年代久远的纸张、布料、衣服会发黄变暗，这也是氧化反应。

　　生活中，我们时时刻刻都能遇到氧化反应。这些氧化反应有的是人类所需要的，对生活有益而且有帮助的，应当加以利用；

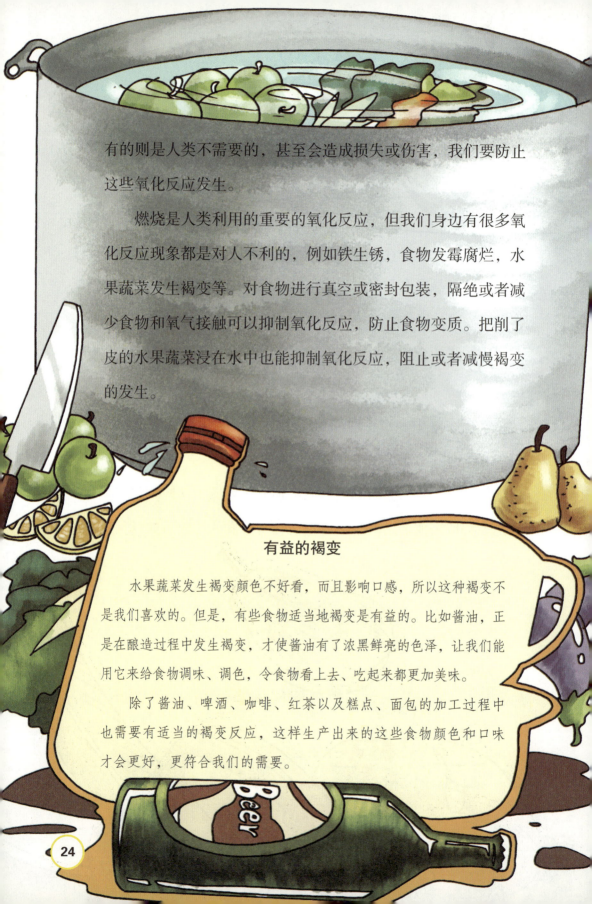

有的则是人类不需要的，甚至会造成损失或伤害，我们要防止这些氧化反应发生。

燃烧是人类利用的重要的氧化反应，但我们身边有很多氧化反应现象都是对人不利的，例如铁生锈，食物发霉腐烂，水果蔬菜发生褐变等。对食物进行真空或密封包装，隔绝或者减少食物和氧气接触可以抑制氧化反应，防止食物变质。把削了皮的水果蔬菜浸在水中也能抑制氧化反应，阻止或者减慢褐变的发生。

有益的褐变

水果蔬菜发生褐变颜色不好看，而且影响口感，所以这种褐变不是我们喜欢的。但是，有些食物适当地褐变是有益的。比如酱油，正是在酿造过程中发生褐变，才使酱油有了浓黑鲜亮的色泽，让我们能用它来给食物调味、调色，令食物看上去、吃起来都更加美味。

除了酱油、啤酒、咖啡、红茶以及糕点、面包的加工过程中也需要有适当的褐变反应，这样生产出来的这些食物颜色和口味才会更好，更符合我们的需要。

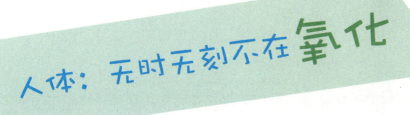

人体：无时无刻不在氧化

大家都知道氧气对人的呼吸很重要。但为什么重要，氧气在人体内又做了什么？

和在燃烧过程中发挥的作用类似，氧气在人体内参与了对人摄入的营养物质进行分解的过程。在这个过程中，氧气在酶的帮助下，和营养物质充分地"燃烧"，释放出能量，同时产生二氧化碳和其他废料，向人体提供了生命活动所需要的能量。

营养物质和氧气"燃烧"比可燃物的燃烧复杂得多，这一系列"燃烧"过程发生的反应和变化统称呼吸作用。

呼吸作用如此重要，氧气和营养物质又是呼吸作用中不可缺少的原料，可见，人体这部"机器"要运转，氧气必不可少。

氧气参与了呼吸作用这个在人体内制造能量的化学反应，生成的物质中又包含二氧化碳这样的氧化物。所以，呼吸作用中的化学反应实际上就是氧化反应。

　　人要维持生命活动就需要能量，所以呼吸作用这一氧化反应时时刻刻都在进行。当然了，在人身上还有许多氧化反应无时不刻不在进行着——皮肤的老化就是一个皮肤细胞的氧化过程。随着年龄的增长，人体的皮肤细胞会因过度氧化受到损害，出现弹性降低、皱纹加深、表面粗糙、色泽变黑变暗等现象，呈现出衰老的状态，对人的健康不利。

　　对影响人体健康的氧化反应我们应当想办法加以阻止，例如使用抗氧化剂可以延缓皮肤衰老，保持青春健康的状态。

小测验

一、什么是氧化反应？氧化反应一定有哪种物质参加，生成的包含这种物质的物质叫什么？可以分成哪两类？

答：物质和氧结合生成氧化物的化学反应，叫做氧化反应。氧化反应一定要有氧参加，生成氧化物。氧化物可以分为金属氧化物和非金属氧化物两种。

二、化学实验中，金属镁（Mg）在氧气中燃烧，发出耀眼的白光，并释放出热量，产生白色粉末状的氧化镁（MgO），其化学反应方程式为 $Mg+O_2=MgO$。这是不是氧化反应，为什么？氧气被输入到氮气（N_2）中，形成混合气体，这是不是氧化反应，为什么？

镁在氧气中燃烧是氧化反应，因为生成了氧化镁这种氧化物。氧气被输入到氮气中不是氧化反应，因为没有生成氧化物或其他新物质。

三、人体的呼吸作用是营养物质和氧气在人体内"燃烧"的过程，请描述一下这个过程。另外，呼吸作用产生的二氧化碳和废料到哪里去了，你知道吗？

答：氧气在酶的帮助下，和营养物质充分地"燃烧"，释放出能量，同时产生二氧化碳和其他废料，向人体提供了生命活动所需要的能量。呼吸作用产生的二氧化碳被呼出体外，而其他废料则通过汗液、尿液和粪便排出体外。

第三章

不能全氧化，所以要还原

我们身边时时刻刻都在发生着氧化反应。

那么，空气中的氧气会不会越来越少？自然界的氧会不会都躲到氧化物中不再出来？

慢慢地，人类不就没有氧气可以呼吸了吗？

放心，不会有这种危险。因为自然界中一边在进行着氧化反应，一边还在进行着还原反应。

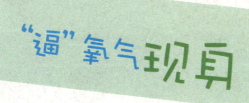

"逼"氧气现身

我们已经知道，氧元素能够和其他物质发生化学反应，生成含有氧的新物质——氧化物。那么氧化物中的氧元素还能不能再被分离出来，恢复它的本来面目呢？

当然能。这个过程就是还原反应。

在自然界，水（H_2O）中就含有氧。自然条件下水中的氧是不会自己冒出来成为氧气的。不过，聪明的人类早已经学会如何

MnO₂

让水中的氧现身出来了——把水注入电解池中，通上电，水就会被分解，生成氢气和氧气。这个化学反应方程式如下：

$$2H_2O \xrightarrow{通电} 2H_2\uparrow + O_2\uparrow \quad （\uparrow表示生成物为气体）$$

用电解水制取氧气的方法经常应用在电化学工业上，但是在实验室里，可以用更简单的方法制取氧气：取一些过氧化氢（H_2O_2），混入少量二氧化锰（MnO_2），把它们放入试管中，就会有氧气生成。化学反应方程式如下：

$$2H_2O_2 \xrightarrow{MnO_2} H_2O + O_2\uparrow$$

在上面的两个化学反应中，水和过氧化氢都属于氧化物，含有氧元素。经过化学变化，氧被释放出来，成了氧气，这就是氧的还原过程。电解水是用通电的方法使水分解，电流在这个过程中发挥了作用。那么，用过氧化氢制取氧气为什么要加入二氧化锰呢？

原来，二氧化锰在这个化学反应中充当了媒介作用。有了二氧化锰化学反应才会发生，但二氧化锰本身无论是性质、结构、质量都没有改变。因此二氧化锰被称为催化剂，它可是实验室制取氧气的功臣呢。

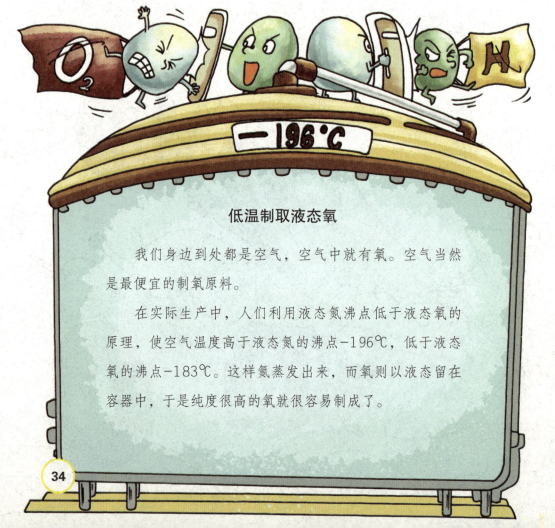

低温制取液态氧

我们身边到处都是空气，空气中就有氧。空气当然是最便宜的制氧原料。

在实际生产中，人们利用液态氮沸点低于液态氧的原理，使空气温度高于液态氮的沸点-196℃，低于液态氧的沸点-183℃。这样氮蒸发出来，而氧则以液态留在容器中，于是纯度很高的氧就很容易制成了。

氧被夺走，就是还原

在前面的两个例子中，氧从氧化物中脱离出来，现身在我们面前。但是有些化学反应中氧元素并没有单独被分解出来，而是和别的物质结合，生成了另一种氧化物。铁的冶炼工艺就是一个很好的例子。

人类从几千年前就开始使用铁制的工具和武器了。自然界中铁的含量很高，在地球表面铁元素占4.75%，是含量第二多的金属。但在自然界中铁主要以化合物的形态存在于铁矿石之中，要想获得比较纯净的铁，就要依靠冶炼工艺。

人类是如何从铁矿石中冶炼出铁的呢？在工业上，人们用铁矿石（主要成分是氧化铁）和焦炭在冶铁高炉中煅烧，经过高

温，把氧化铁中的氧分解出来和焦炭燃烧产生的一氧化碳结合生成铁和二氧化碳，二氧化碳升腾到空气之中，铁就被留在高炉里了。这个冶铁的化学反应方程式如下：

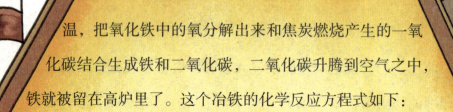

$$Fe_2O_3 + 3CO \xrightarrow{\text{高温}} 2Fe + 3CO_2\uparrow$$

当然，实际的冶炼工艺还要复杂得多。因为铁矿石中往往会含有一些其他杂质——比如二氧化硅（SiO_2），所以通常还需要加入生石灰，这样二氧化硅就会被转变成炉渣，沉淀在高炉中。

硅（Si）是一种很神奇的元素，它的导电性能比非金属好，但又没有金属那么强，所以被称为半导体。硅经常被制成半导体元件，计算机等电子产品中的集成电路就要用到硅。

自然界中的砂石就含有二氧化硅，二氧化硅可以和焦炭在高温下燃烧并发生化学反应，生成硅和二氧化碳。下面就是这个化学反应的方程式：

$$SiO_2 + C \xrightarrow{\text{强热}} Si + CO_2 \uparrow$$

无论是用铁矿石炼铁还是从砂石中提取硅，铁矿石中的氧化铁和砂石中的二氧化硅全都因为氧被夺走发生了化学变化，生成单质的铁和硅。在这些化学反应中，氧虽然没有现身，恢复它的本来面目，却都被从氧化物中夺取出来。因此，这些化学反应也是还原反应。

所以说，凡是含有氧的物质中氧被夺取的化学反应，都叫还原反应。

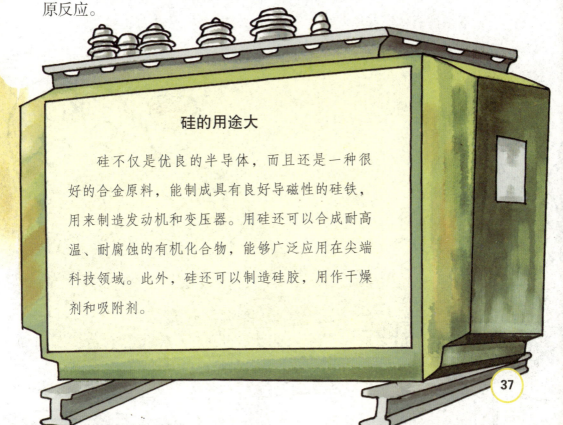

硅的用途大

硅不仅是优良的半导体，而且还是一种很好的合金原料，能制成具有良好导磁性的硅铁，用来制造发动机和变压器。用硅还可以合成耐高温、耐腐蚀的有机化合物，能够广泛应用在尖端科技领域。此外，硅还可以制造硅胶，用作干燥剂和吸附剂。

一半是氧化，一半是还原

　　有氧参加的化学反应中，氧和别的物质生成了含有氧的新物质，也就是氧化物，这时候我们说两种物质发生了氧化反应。含有氧的物质中氧被夺取出来，生成氧气升腾出去，或者和参与反应的物质结合生成另一种氧化物，我们就说这两种物质发生了还原反应。

　　但是在前面的例子中，比如二氧化硅和碳发生化学反应时，二氧化硅失去了氧，当然是发生了还原，而碳却得到了氧，那么碳不是被氧化了吗？

　　没错，在这个反应中，碳和从二氧化硅中还原出来的氧结合，生成二氧化碳，当然属于氧化反应。

　　奇怪，在同一个化学反应中，怎么会既有还原反应，又有氧化反应呢？

　　其实一点都不奇怪，氧化和还原，往往是同时发生的——参与反应的两种物质，一种被氧化，另一种就被还原。

　　也就是说，一种反应物得到了氧，通常就会有另一种反应物失去氧。

　　在冶炼铁矿石的过程中，氧化铁失去了氧被还原，同时一氧化碳得到氧被氧化，这同样也属于相同的情况，也是在同一个化学反应中既发生了氧化反应，又发生了还原反应。

　　看来氧化还原还真是一对，谁也离不开谁呢。

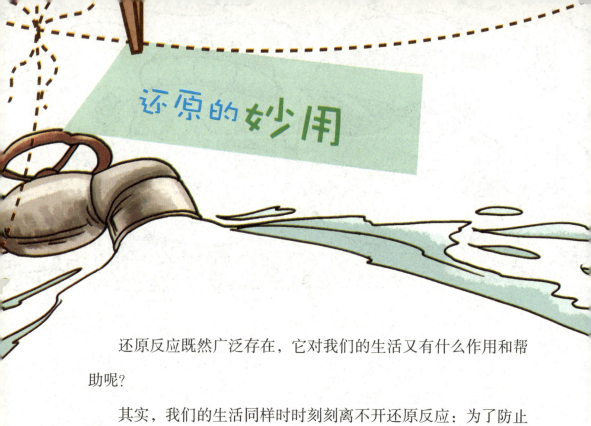

还原的**妙用**

　　还原反应既然广泛存在，它对我们的生活又有什么作用和帮助呢?

　　其实，我们的生活同样时时刻刻离不开还原反应：为了防止钢铁生锈，我们会利用还原反应；供给我们家里一些小电器能源的电池，是靠还原反应原理制造出来的；农民给土地施肥使用的化肥，也是利用还原反应生产出来的；就连我们每天饮用的自来水都和还原反应脱不开关系，为了我们的健康和安全，自来水厂要对供给我们使用的水源进行净化和消毒，清除里面的杂质，杀

灭细菌和病毒。怎么才能实现这些目的呢？最简单的办法是在水中加入氯气（Cl_2）。

氯也是一种气体元素。它本身并没有消毒和杀菌的作用，但是当它进入水中，就会和水发生化学反应，生成次氯酸（HClO）和盐酸（HCl）。方程式如下：

$$H_2O+Cl_2=HClO+HCl$$

在这两个化学反应的生成物中，次氯酸可了不得。它是很高效的细菌和病毒杀手，轻轻松松就能钻到这些小小的微生物内部，破坏它们的结构，把它们干掉。

而在上面这个反应中，氯气得到了水中的氧，发生了氧化反应；与此同时，水失去了氧，发生的则是还原反应。

次氯酸本领虽然大，却有刺激性气味，会让人感到不舒服。不过别担心，大多数次氯酸完成它们的使命之后，不会在自来水中长期存在——因为它们会继续分解，变成盐酸和氧气：

$$2HClO=2HCl+O_2\uparrow$$

当次氯酸分解时，它失去了氧，所以是还原反应。

这个还原反应在光照时会加快，所以从自来水管中接出来的水经过日照，可以减少异味。

次氯酸能用来给水消毒，因此很多游泳池中都会注入次氯酸。此外，次氯酸还可以用来给衣物和纸张漂白，用途很广泛。

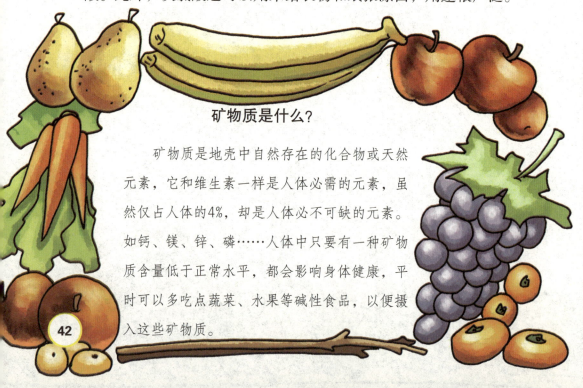

矿物质是什么？

矿物质是地壳中自然存在的化合物或天然元素，它和维生素一样是人体必需的元素，虽然仅占人体的4%，却是人体必不可缺的元素。如钙、镁、锌、磷……人体中只要有一种矿物质含量低于正常水平，都会影响身体健康，平时可以多吃点蔬菜、水果等碱性食品，以便摄入这些矿物质。

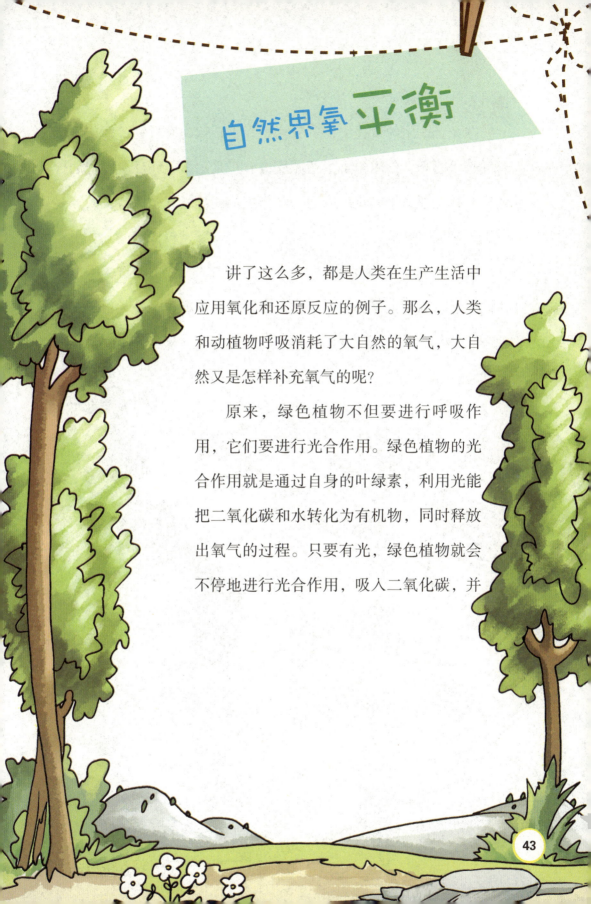

自然界氧平衡

　　讲了这么多，都是人类在生产生活中应用氧化和还原反应的例子。那么，人类和动植物呼吸消耗了大自然的氧气，大自然又是怎样补充氧气的呢？

　　原来，绿色植物不但要进行呼吸作用，它们要进行光合作用。绿色植物的光合作用就是通过自身的叶绿素，利用光能把二氧化碳和水转化为有机物，同时释放出氧气的过程。只要有光，绿色植物就会不停地进行光合作用，吸入二氧化碳，并且向大气中排放氧气。

在光合作用的过程中，二氧化碳和水转化为有机物，释放出氧气，所以光合作用包含了还原反应。正是这个还原反应制造的氧气，补充了属于氧化反应的呼吸作用消耗的氧气，保持着大气中氧气含量的平衡。

大自然就是如此的奇妙：人类和动植物一方面消耗着氧气，与此同时，遍布世界的绿色植物又在默默地奉献，弥补着损失，维持着生态平衡。

小测验

一、过氧化氢又叫双氧水，它在常温下就能分解成氧气和水。但过氧化氢自己不会发生化学反应，而是需要加入一种物质来帮忙。说说用过氧化氢制取氧气需要哪种物质帮助，这种物质在化学反应过程中又叫什么？有哪些性质？

答：用过氧化氢制取氧气需要二氧化锰。这时二氧化锰是这个化学反应的催化剂。它在反应过程中性质、结构和质量都不发生变化，只充当反应的媒介。

二、在冶炼和提取硅的过程中同时发生着哪两种化学反应？请详细说明。

答：在这两个过程中同时发生着氧化反应和还原反应。在冶铁过程中，氧化铁失去了氧被还原，同时一氧化碳得到氧被氧化。在提取硅时，碳得到氧被氧化，而二氧化硅则失去氧被还原。

三、人们为什么要向水中注入氯气？氯气注入水中后会发生哪些化学反应？它们是氧化反应还是还原反应？

答：人们向水中注入氯气是为了给水消毒。氯气注入水中后，先和水反应生成次氯酸和盐酸，这时氯得到氧被氧化，水失去氧被还原。接着，次氯酸被分解为盐酸和氧气，这一次氯酸失去氧被还原。

第四章

反应的种类和速度

碳和氧燃烧生成二氧化碳，两样成了一样。

水能电解成氢气和氧气，一样又成了两样。

冶炼铁矿石，氧化铁和一氧化碳反应生成铁和二氧化碳，全都变了样。

世上的变化真奇妙，而且，它们的反应速度也不同……

化合与分解

　　这世界上的物质为什么不都是由单一的元素构成的？它们之间为什么会变来变去呢？物质间的这些变化又有着怎样的规律？

　　在自然界中的岩层、火山口、矿泉水和金属、煤、石油等矿藏中都含有硫（S），硫是一种很活泼的非金属，能够和很多物质反应。硫和氧气燃烧就会产生二氧化硫（SO_2）：

　　$S+O_2=SO_2$

在上面的化学反应中，硫和氧都是单质，也就是由一种元素构成的物质。它们发生反应，生成了硫氧化合物。

这种由两种单质化合成一种化合物的化学反应叫作化合反应。

二氧化硫已经是一种化合物了，但它还可以继续和氧气发生反应，生成三氧化硫（SO_3）：

$$2SO_2+O_2=2SO_3$$

这一次的化学反应不仅是单质，还有化合物参加，但同样是两种物质化合成一种化合物，这样的化学反应就是化合反应。

接下来，三氧化硫在一定条件下还能和水发生反应，生成硫

酸（H_2SO_4）：

$$SO_3+H_2O=H_2SO_4$$

这还是化合反应。

实际上，当两种或两种以上物质经过化学变化形成一种物质时，我们就说这种化学反应叫作化合反应。

与化合反应相反的，当一种物质经过化学变化变成了两种或两种以上物质时，我们就说这种化学反应是分解反应。前面提到的水电解成氢气和氧气就是分解反应。在实验室中使用过氧化氢制取氧气也是分解反应。

硫酸是一种腐蚀性极强的酸性物质，挥发到空气中会形成酸雾，对空气造成污染，同时对人类健康造成危害，也给人类的生活带来很多不便——例如能见度降低，影响交通等。

现在大气中的硫酸主要来自化学工业和汽车尾气，要保护环

境，维持大气的稳定，避免酸雾的毒害，就要增强环保意识，限制化学工业的有害物质排放，倡导健康出行，减少汽车尾气。

酸雾治理

目前污染大气的主要酸雾有硫酸酸雾、盐酸酸雾和硝酸酸雾等。

目前，人们已经想出很多办法来治理酸雾污染。比如对硫酸酸雾，人们采用丝网过滤、碱液和水洗涤等方法来控制化学工业中使用的硫酸向空气中挥发。而对已经散发到大气中的酸雾，人们则采用酸雾捕捉器把硫酸等有害物质回收起来，净化空气。

对盐酸和硝酸等形成的酸雾，人们也开始使用静电抑制、覆盖、洗涤、还原、吸附等方法进行治理。相信现代科技一定能还我们干净的空气。

得失总量不会变

我们知道在高温下燃烧二氧化硅和碳可以制取单质硅。

SiO_2+C 强热 $Si+CO_2\uparrow$

在这个化学变化过程中，反应前参与反应的二氧化硅是氧化物，碳是单质。而反应后，硅成了单质，碳和氧结合成了氧化物。看，硅和碳进行了一笔"交易"——硅把氧给了碳，换来自己的"独立"；碳得到了氧，也不再"孤独"了。

像这样，一种单质与化合物反应生成新的单质和化合物的化学反应，叫作置换反应。

例如锌（Zn），如果把它放入硫酸溶液中，它就会和硫酸反应，生成硫酸锌和氢气：

$Zn+H_2SO_4=ZnSO_4+H_2\uparrow$

哈哈，锌和硫酸也做了"交易"，这次锌成了硫酸的"俘虏"，氢气却跑掉了。

观察一下，在上面的两个反应中，反应前后的物质总量有没有改变呢？

我们可以这样说：在第一个反应中，反应前有1"个"硅、2"个"氧和1"个"碳，反应后还是1"个"硅、2"个"氧和1"个"碳，总量没有变。

在第二个反应中，反应前有1"个"锌、2"个"氢、1"个"硫和4"个"氧，反应后还是1"个"锌、2"个"氢、1"个"硫和4"个"氧，总量还是没有变。

现在大家再看看前面所有出现的化学方程式，是不是所有的化学反应中，反应前后物质总量都没有变？

原来，化学反应只是物质化学性质的变化，而构成参与化学反应的物质的总量不会发生变化，它在化学反应前后是相等的。

在冶铁的过程中，氧化铁和一氧化碳反应生成铁和二氧化碳，它们也做了一笔"交易"。但是在这个反应中，参与反应的氧化铁和一氧化碳都是氧化物而不是单质，所以这样的化学反应不属于置换反应。

点燃一支蜡烛根本不用费力。划一根火柴凑到蜡烛芯上，马上就可以让蜡烛燃烧起来。

不同食物在人体内被消化分解成营养物质的时间并不相同，但是从最容易消化的水果类大约只需要30分钟至1小时，到最难消化的脂肪类需要2至4小时，这些有机物在胃肠中经历的化学反应最多也只有几个小时。

夏天，放在常温环境下的蔬菜和肉类很快就会变质、腐烂。尤其是肉类，存放一天就会变得不新鲜。

铁钉、钢板经过几次雨水浸泡、冲刷就会生锈。如果时间久了，它们就会锈得更厉害，变得更脆弱，不再坚硬。不过这往往

需要几个月甚至更长的时间。

家里的旧书、老照片放了许多年，再翻开看时，纸张、照片已经泛黄，看起来就很古老陈旧了。

前面说的这些变化都属于化学变化，但是它们的变化速度却不一样：有的很短，只需要几秒——如果是火药爆炸，甚至在瞬间就完成了；有的却很长，要几个月、几年、几十年，甚至上百年才行。

看来，化学反应的速度是不一样的。

要计算化学反应的速度是一件很困难很麻烦的事情。我们可以通过测量化学反应中不同阶段反应物或生成物的数量变化，来估算某个化学反应的速度。

例如锌和硫酸反应生成硫酸锌和氢气，可以通过收集反应过程中生成的氢气，测量不同阶段生成氢气的质量，再除以生成这些氢气所用的时间，就能算出这一化学反应的某个阶段速度和平均速度了。

古老的化学反应

化学反应的速度如此不同，一些快的化学反应很容易观察到，也能够计算出它的速度。那么，世界上最古老的，耗费时间最长的化学反应是什么呢？

答案是煤的形成。

亿万年前，地球上有大量的植物。这些植物死后，随着地壳运动慢慢沉积到地下，经过复杂的化学变化才形成了煤。我们现在所用的煤主要是二叠纪时的植物形成的。而作为地质时代，二叠纪已经距今2.8亿万年了。

煤是不可再生能源，我们要珍惜。

加热，加压，再催化

谁也不希望食物很快就变质、腐烂，也没人愿意让钢铁很快就生锈。对于一些化学反应，我们总是希望它们越慢越好。但是对另外一些化学反应，我们却希望它们最好快点——冶炼钢铁，生产化工产品都需要速度，这样才能提高产量。

怎样才能控制和改变化学反应的速度呢？

经过大量的实践、探索和研究，我们发现化学反应的速度和温度、压力有关，某些并不参加化学反应的物质也能改变反应速度，促进或者抑制化学反应。

在前面的很多实例中，我们都要给参加反应的物质加热或者让它们燃烧，可见温度越高，化学反应的速度就会越快。

例如铜，这种金属在常温下比较稳定，不会和氧气发生化学反应。但是把它加热，就会和氧气化合，生成氧化铜：

$2Cu+O_2=2CuO$

氮气（N_2）在空气中含量最多，而且是植物所需营养成分中必不可少的物质。但是氮气很难和氢气化合，生成能帮助植物生长的氨（NH_3）。不过这个问题早就被科学家解决了：在30个大气压下，把氮气和氢气加热到600℃，就制造出了氨气：

$3H_3+N_2=2NH_3$

除了提高温度和增加压力，加入催化剂也能加速化学反应。正如我们前面介绍的，过氧化氢自己不会分解成水和氧气或者分解得很慢，但是有了二氧化锰做催化剂，这个分解反应就会立刻变得剧烈起来。

小测验

一、下列化学反应中，属于化合反应的是（ ），属于分解反应的是（ ），属于置换反应的是（ ）：

A. $2H_2O = 2H_2\uparrow + O_2\uparrow$

B. $2CO + O_2 = 2CO_2$

C. $CO_2 + H_2O = H_2CO_3$ （碳酸）

D. $Fe + CuSO_4 = Cu + FeSO_4$ （硫酸亚铁）

E. $H_2CO_3 = CO_2\uparrow + H_2O$

F. $C + 2CuO = 2Cu + CO_2\uparrow$

答：B、C是化合反应，A、E是分解反应，D、F是置换反应。注意，G既不是化合、分解，也不是置换反应。

二、化学反应的速度和哪些因素有关？温度升高，压力增大，化学反应的速度会有什么样的变化？想一想，放在冰箱里的食物为什么不容易变质、腐烂？

答：化学反应的速度和温度、压力以及是否有催化剂的参与有关。温度升高，压力增大，化学反应的速度都会加快。冰箱中的食物不容易变质、腐烂，是因为冰箱中的温度比常温低，物质发生化学反应的速度比正常条件下缓慢。

三、氢气和氮气在高温高压下生成氨气，这是什么反应？想一想，在这个化学反应过程中，氨气得到了什么？它和氢气的性质发生了什么变化？

答：氢气和氮气在高温高压下生成氨气是化合反应。在这个化学反应过程中，氮气得到氢，和它共同构成了化合物。通过这个化学反应，氢气和氨气都不再是单质元素，而是成为两种元素共同构成的物质，和原来的单质在化学性质上变得不同了。（答案不固定，能答出不同即可。）

第五章

金属的活动性

铁为什么那么容易生锈？

铝制品为什么很容易保持光泽？

青铜、黄铜有什么区别？

打造首饰、饰品为什么要用金银？

这些金属的特性，都和它们的活动

性有关。

生锈因为和氧亲

今天，人们使用最多也最广泛的金属是铁，在我们的生活中很多物品都是铁制成的。水壶、蒸锅、炒勺、门锁、窗外的护栏、建筑用钢筋，甚至汽车、轮船都是铁的，或者含有大量铁。

但是，铁在潮湿的空气中和水中非常容易生锈，这是为什么呢？因为铁在水的作用下会和氧发生化学反应，生成铁锈，铁锈

的主要成分是氧化铁（Fe_2O_3）。铁在潮湿环境和水中与氧的化学反应比较复杂，需要一系列的反应过程，最终生成的氧化铁通常和水一起存在，叫作氧化铁水合物。

氧化铁是砖红色的。如果生成铁锈环境中氧含量不足，还会生成黑色的氧化亚铁（FeO）和黑色的四氧化三铁（Fe_3O_4）。

不管生成的是哪一种铁的氧化物，铁会生锈都是因为作为一种金属，铁比较活泼，容易和氧发生化学反应的关系。需要注意的是，铁和干燥空气中的氧气不会发生化学反应，所以铁在干燥的空气中不会生锈。

金属的这种活泼性质叫作金属的活动性。

铁锈通常是一种粉末状的物质，不会附着在铁的表面，而是很容易被摩擦掉。当然了，铁锈也无法阻挡它下面的铁继续被氧化生锈。因此，表面已经生了锈的铁还会继续被氧化，直到完全成为铁锈。

铁锈的危害很大，会使铁制品变脆，不再坚硬，甚至会造成灾难。

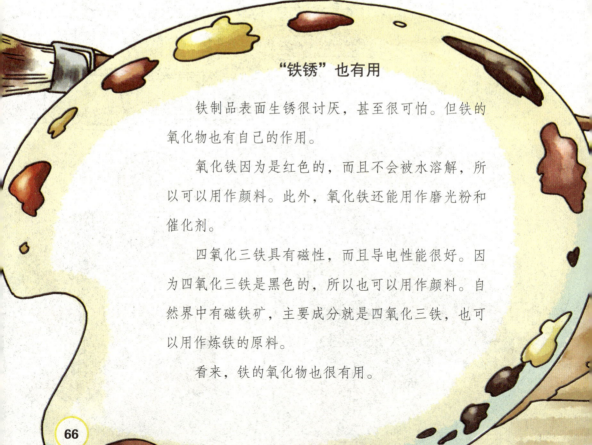

"铁锈"也有用

铁制品表面生锈很讨厌，甚至很可怕。但铁的氧化物也有自己的作用。

氧化铁因为是红色的，而且不会被水溶解，所以可以用作颜料。此外，氧化铁还能用作磨光粉和催化剂。

四氧化三铁具有磁性，而且导电性能很好。因为四氧化三铁是黑色的，所以也可以用作颜料。自然界中有磁铁矿，主要成分就是四氧化三铁，也可以用作炼铁的原料。

看来，铁的氧化物也很有用。

它们和氧更亲

铁这么活泼，但常温下它并不会与干燥空气中的氧气反应。那么，有没有比铁更活泼的金属呢？

当然有。钾（K）和钠（Na）都是非常活泼的金属，它们的活动性很强，在干燥空气中很容易被氧化。例如钠被氧化的化学反应方程式为：

$4Na+O_2=2Na_2O$

但是氧化钠和氧化钾也不稳定，还会继续和空气中的二氧化

碳反应，生成碳酸盐。还是以钠为例，氧化钠和二氧化碳的反应方程式为：

$$Na_2O+CO_2=Na_2CO_3$$

钾和钠遇到水也会发生剧烈的反应，并且会产生大量的热。

所以单质的金属钾和钠都不能暴露在空气中，也不能放在水里，而要密封在钢桶中或者放在煤油中保存。

钙（Ca）也是非常活泼的金属，它在常温下也会和空气中的氧发生反应：

$$2Ca+O_2=2CaO$$

氧化钙（CaO）还附着在钙表面，但不会保护钙，它也是金属钙的"锈"。

钾、钙、钠都这么活泼，显得很厉害，但也因为这种特性而显得很麻烦，保存起来十分不便。镁（Mg）就不同，它也很活泼，但却不怕暴露在干燥的空气中。不过如果把镁加热，它就会在空气中燃烧，发出耀眼的白光，放出热量，并且生成白色的氧化镁：

$$2Mg+O_2=2MgO$$

铝（Al）和镁具有同样的特性，能和空气中的氧发生同样的反应，只是需要的温度更高，而且生成的是三

氧化二铝：

$$4Al+3O_2=2Al_2O_3$$

对于镁和铝来说，还有一个重要的特性：它们并非不和干燥空气中的氧反应，而是反应速度很慢，而且生成的氧化镁和三氧化二铝在原来的金属表面形成了一层保护膜，防止内部金属继续被氧化——这真是一个神奇的特性，正因为如此，我们使用的铝制品和铝镁合金才不会生锈。

镁和铝虽然可以在空气中，但却很容易燃烧，只是燃烧需要的温度越来越高——看来，不同的金属活动性也不同。钾是常见的最活泼的金属，钙、钠、镁、铝活动性依次减弱，再接下来，活动性比铝还弱的金属还有锌，然后才是铁，排在铁后面的是锡（Sn）。

不"爱"氧的金属

　　铁在干燥的空气中是不会被氧化的，而锡更不易被氧化，只不过锡的硬度不大，熔点也低，因此虽然很早就开始被使用，但用途却没有铁广泛。

　　但比铁和锡活动性还要弱的金属依然存在，常见的有铜、汞（Hg）、银（Ag）和金（Au）。

　　铜很难被氧化，要使它燃烧生成氧化铜需要极高的温度。汞的活动性更差，而且是唯一在正常状态下以液体形态存在的金属，因此

又被叫作水银。银和金是最不活泼的两种金属，其中金更是非常稳定——它不会"生锈"，即使被加热到几千摄氏度的高温也不会被氧化，就算熔化了，再次冷却后也还是单质的金。要不人们怎么说"真金不怕火炼"呢？而且它还不会被一般的酸性物质腐蚀，只有王水等极少数几种物质能使它溶解。

金子有这么多"优良品质"，当然会受到人们的喜爱。它不仅是一种重要的贵金属货币和保值物，而且是人们制作工艺品、装饰品的首选。银的物理属性非常接近金，因此也有不少银饰品，白银还曾经是一种主要的流通货币。

厉害的王水

金那么稳定，王水却能够溶解它，王水是什么厉害角色呢？其实说穿了一点都不神秘，王水只是两种常见物质的混合物——把浓盐酸（HC1）和浓硝酸（HNO_3）按3∶1的比例混合，就成了王水，又叫"硝基盐酸"。王水很厉害，但很容易挥发，要现配现用才行。

铜和青铜器时代

　　在人们学会冶铁并开始大量制造铁器之前，青铜器是人类制造和使用的主要金属器物。铜的活动性比铁弱，因此更不容易氧化。但是铜的硬度低于铁，用纯铜来制造器物并不理想。因此，人们在铜里加入少量的锡和锌，制成了青铜。青铜比铜坚硬得多，可以用来铸造刀剑，矛和箭的头以及鼎、钟、镬（huò 古代的大锅）等器物。在古代，人们大量并广泛使用着青铜器的时代被称为青铜器时代。青铜器时代结束之后，人类才迎来了铁器时代。

　　如果在铜里加入的只有锌，而且锌的比例达到五分之二时，制成的就是黄铜。很多机器零件都是用黄铜制成的。此外，用铜、锌和镍（Ni）可以制成白铜，白铜的应用也很广泛，还可以用来制作钱币。

　　铜的导电性很好，又很稳定，所以广泛应用于电气工业上，可以被制成电线。由于铜的活动性比汞、银、金都要强，铜已经可以溶于稀盐酸和稀硫酸了。铜溶在稀硫酸之中，成为硫酸铜（$CuSO_4$）溶液。这时如果我们把一根铁钉放在硫酸铜溶液里面，会发生什么情况呢？铁钉表面会出现一些红色的物质——那就是铜。这个反应的方程式是：

$Fe+CuSO_4=Cu+FeSO_4$（硫酸亚铁）

　　原来，比铜更活泼的铁把铜从硫酸铜中置换出来，变回了单质。

不仅仅跟氧活泼

　　看来，金属的活动性不仅和氧有关，活泼的金属还能从不活泼的金属的酸溶液中置换出不活泼的金属来。

　　实际上，金属和酸溶液的反应情况也反映了金属的活动性。例如下面这几种金属都能和盐酸反应，形成金属的氯化物溶液并释放出氢气。

Fe+2HCl=FeCl$_2$+H$_2$↑

Zn+2HCl=ZnCl$_2$+H$_2$↑

Mg+2HCl=MgCl$_2$+H$_2$↑

如果我们观察并比较一下这几个实验，就会发现当铁和盐酸反应时会产生气泡——这些冒出来的气泡就是氢气，而锌和盐酸反应产生的气泡更多，镁则会产生大量的气泡。

这些现象说明，盐酸也可以用来检验某些金属的活动性，越活泼的金属就越容易和盐酸发生反应，发生的反应也就越剧烈。

上面提到的几种金属和稀硫酸也能发生类似的反应。

不过，铜和稀盐酸、稀硫酸的反应非常缓慢，几乎观察不到。而且铜能够被硝酸（HNO_3）溶解，如果把铜放入热的浓硫酸里，它也会被溶解。

经过测定、比较和分析，我们可以把前面提到的金属按照活动性从强到弱排列如下：

钾、钙、钠、镁、铝、锌、铁、锡、铜、汞、银、金

小测验

一、钠能和空气中的氧气反应生成氧化钠，氧化钠又和二氧化碳反应生成碳酸钠。钾也能和空气中的氧气及二氧化碳连续发生反应生成氧化钾（K_2O）和碳酸钾（K_2CO_3）。试根据化学反应前后物质总量不变的定律写出这两个化学反应方程式。

答：$2K+O_2=2K_2O$

$K_2O+CO_2=K_2CO_3$

二、氧化镁和氧化铝（即三氧化二铝）有什么特性？说一说镁和铝在空气中会不会被氧化，它们又会不会生锈？家里的铝锅最好不要用钢丝刷去刷洗，想一想这是为什么？

答：氧化镁和氧化铝能形成一层保护膜，保护内部的镁和铝不被氧化。镁和铝在空气中会被氧化，但它们不会生锈，因为它们的氧化物形成了保护膜，保护了它们。用钢丝刷刷洗铝锅会把铝锅表面形成的氧化物保护膜刷洗掉，使铝锅失去保护，慢慢被腐蚀。

三、观察文中铁、锌、镁和稀盐酸的反应方程式，试着写出它们和稀硫酸的反应方程式，注意反应前后物质总量不变。

答：$Fe+H_2SO_4=FeSO_4+H_2\uparrow$

$Zn+H_2SO_4=ZnSO_4+H_2\uparrow$

$Mg+H_2SO_4=MgSO_4+H_2\uparrow$

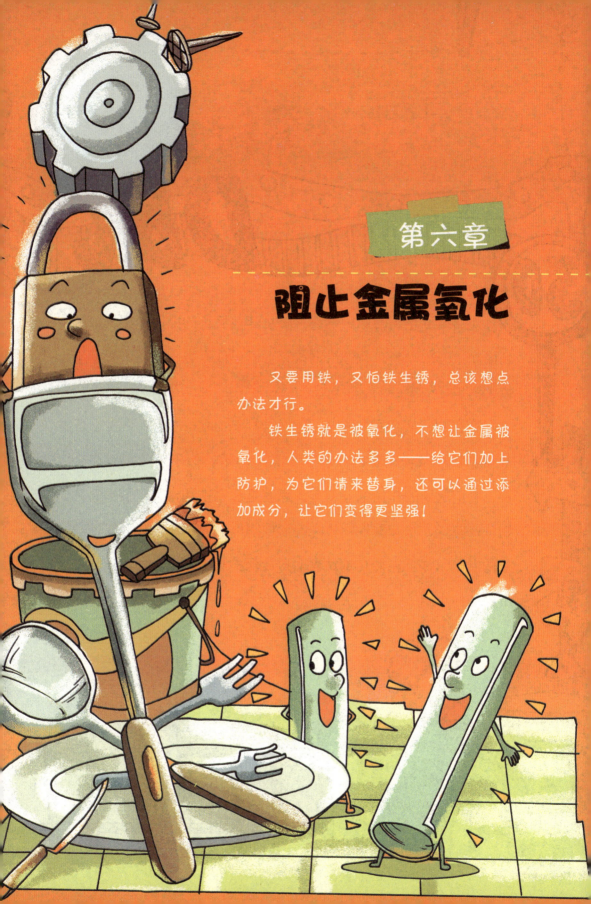

第六章

阻止金属氧化

又要用铁，又怕铁生锈，总该想点办法才行。

铁生锈就是被氧化，不想让金属被氧化，人类的办法多多——给它们加上防护，为它们请来替身，还可以通过添加成分，让它们变得更坚强！

穿身衣服，加套衬里 DBG

人们最早想到的保护钢铁，防止其被氧化的办法是在钢铁的表面涂上一层涂料，就像给钢铁穿上了一件衣服，这样钢铁就不怕生锈了。

涂在钢铁表面的涂料有天然的树脂和油漆，还有人工合成的树脂漆以及粉末状的涂料，种类可多了。但不管涂料有多少种，它们起到的作用都差不多，那就是在钢铁和危害它们的腐蚀物——空气、水和酸性物质之间形成隔离层，阻止氧化等腐蚀现象的发生，并且还能在钢铁表面形成保护膜，减缓腐蚀，起到多重保护的作用。

给钢铁表面涂漆很简单，操作容易，成本也很低，而且还能起到装饰作用——想想那些刷了漆的铁栏杆有多漂亮？还有钢铁制成的路牌、广告牌，上面标示出各种警示标志、指引符号，画出美丽的图案，是不是很有用？

不过刷涂料也不是太简单。一般给钢铁加涂层要分底漆、中间漆和面漆三层，所以钢铁穿的外衣还是三件套呢！

除了涂料，瓷釉也可以作为涂层，这时候铁制器皿穿上的是搪瓷衣服。很多人家里都有搪瓷锅、搪瓷杯、搪瓷盘，还有搪瓷的花瓶、茶具甚至痰盂，浴缸、抽油烟机、烤箱等用具外层也可以涂上搪瓷，这些都是穿着搪瓷外套的钢铁制品。

钢铁器具的表面需要涂层的保护，内部也需要保护。在钢铁设备或零件内部附加衬层，隔绝钢铁和腐蚀物的接触，就相当于给钢铁器具加上了一层衬里，起到保护作用。人们经常用玻璃钢、塑料、橡胶或陶瓷给钢铁做衬里。

亮丽换肤——镀层

还记得把铁钉放在硫酸铜溶液中的实验吗？这时候的化学反应方程式是：

$Fe+CuSO_4=Cu+FeSO_4$

铜从硫酸铜溶液中置换出来，附着在铁的表面。铁钉的表面多了一层东西，那就是铜。工业上应用这个原理使钢铁表面获得一层别的金属或金属合金，这些金属或金属合金一般都有着比钢铁更弱的活动性，因而更加耐腐蚀，而且还要有很好的硬度和耐磨性，这就是镀层。有了镀层，钢铁就再也不怕被腐蚀了。

在实际的工业生产中，镀层金属往往是用还原剂从含有这种金属的酸性溶液中获得的，钢铁并不参与这个反应过程。这种镀层方法叫作化学还原镀。

　　可以作为镀层的金属主要有镍、铜和银，而应用最广的是镍和镍合金镀层。有了它们，钢铁就好像换了一层皮肤，变得比原来更坚强，也更亮丽了。

　　用化学反应直接获得镀层既简便又实用，但成本比较高，因此现在应用更广的镀层方法是电镀法。电镀是把钢铁放在含有镀层金属的电解溶液中，通过通电的方式使钢铁获得镀层的方法。

电镀车间

电镀防护

电镀镀层金属有锌、铜、锡、铬（Cr）、镍、银、金等，以及它们的某些合金。其中，铬和镍的镀层都有很好的保护效果，很多机械设备上都使用这两种镀层。另外，锡锌合金和锡镍合金也是不错的镀层。

除了化学镀和电镀，还有渗镀、喷镀、热浸镀、包镀等给钢铁"换肤"的方法。

塑料玩具的"皮肤"

小孩子的玩具通常是用五颜六色的塑料制成的，但一些还显出金属的光泽。这是怎么回事呢？原来，塑料也可以电镀，在表面覆盖一层金属"皮肤"，让玩具显得更漂亮也更真实，看起来像真的金属一样呢。

可以在塑料玩具表面电镀的金属很多，铜、银、金、铬、镍都能成为塑料玩具的"皮肤"。

联合总比单干强

穿上的衣服容易脱落，换上的皮肤也会开裂。如果能让钢铁自己变得更加强大，不再被腐蚀，不是更好吗？在钢铁中加入其他元素，让它们一起对抗腐蚀物，这样做总是会收到很好的效果。

碳钢是碳铁合金中最重要的一种，当碳和铁被加热到1200℃时，会生成碳化铁（Fe_3C），碳化铁和铁紧密结合在一起就成了碳钢。碳钢的耐腐蚀能力并不比铁好，但是碳钢更坚硬，某些经过特殊处理的碳钢也有着比较好的耐腐蚀性。

　　在碳钢中加入铜、磷、铬、硅、铝、镍等元素之中的一种或几种，可以制成低合金钢。低合金钢耐腐蚀能力就要好得多了。只需要少量的铜，钢铁就会变得非常强大，不再惧怕空气和海水的侵蚀。如果再加入一点点磷，或者混合进铬，钢铁就会更加强大，这些物质综合起来，效果就更明显。

　　提起不锈钢，大家一定都非常熟悉，因为我们经常听到这个词，我们家里的很多厨房和餐厅用具也都是不锈钢制品。不过其实，不锈钢应该分为"不锈钢"和"不锈耐酸钢"两种，"不锈钢"适用于一般的环境，"不锈耐酸钢"适用于强腐蚀环境。

　　不锈钢主要有铬钢、铬镍钢、铬锰（Mn）钢等。铬镍钢是应用最广的不锈钢，它具有韧性更强、可塑性更好、更容易焊接和加工的特点。

　　无论是低合金钢还是不锈钢，都需要铁和别的金属或元素联合，看来还是团结力量大，联合总比单干强。

牺牲替身换来安全

根据金属活动性有强有弱的特点，人们学会了给钢铁"换肤"。那么，金属活动性原理还有没有别的用处，能不能用这种原理设计出其他的防腐蚀方法呢？

给钢铁请来"替身"，让它们牺牲自己换来钢铁的安全，是一种简便的防腐蚀方法。

谁有资格当钢铁的"替身"呢？

我们知道，活动性越强的金属和氧发生反应的能力也就越强。所以，金属活动性排在铁前面的金属都有资格当这个"替身"。

但是，有资格不等于合适。钾、钙、钠这三种金属太活泼了，在空气和各种腐蚀环境中非常不稳定，而且很快就会被消耗掉，也很危险，因此不合适当"替身"。

镁、锌、铝既稳定又比铁活泼，是合适的"替身"原料。

镁和镁合金经常用在土壤和淡水环境中保护钢铁不被腐蚀。不过这个"替身"有点危险，有时会和钢铁撞击产生火花或者生成容易爆炸的氢气，所以装载易燃物的钢铁容器和海水中不能用这种原料。

锌和锌合金可以在海水中使用，但不适合用在土壤和淡水中。轮船的钢铁外壳、海上或海底的钢铁建筑物都要靠它来保护。

铝合金也是很好的钢铁防腐蚀"替身"，在海洋、河口等地方，铝合金"替身"往往能大展身手，把自己奉献出来，保护着

钢铁结构的安全。

但是铝自己为什么不来当这个"替身"呢？别忘了，铝氧化会生成氧化铝保护膜，把它自己先保护起来。它只牺牲那么一点点，就再也不肯贡献了，又怎么能当好"替身"呢？

镁、锌、铝奉献了自己，保护了钢铁。它们是通过用导体和钢铁相连接的办法才能发挥保护作用的。在镁、锌、铝和铁连接形成的电路中，铁是阴极，镁、锌、铝是阳极。牺牲了阳极上的活泼金属，使阴极上不那么活泼的铁得到保护，这种方法叫作牺牲阳极阴极保护法。

阴阳护法

除了牺牲阳极阴极保护法，把铁作为电路的阴极，用其他材料做阳极，给电路通电也能保护阴极的铁。这种方法叫外加电流阴极保护法。在这种方法中，经常用作阳极的材料有：石墨、磁性氧化铁、铝和碳钢等。

另外，在强腐蚀性溶液或氧化性比较强的环境中，还有一种阳极保护法，能够减缓并且控制钢铁的腐蚀，对钢铁起到保护作用。

看来，钢铁还有阴阳两大护法呢！

大家都要防腐蚀

对钢铁人们采取了这么多防腐蚀的措施和办法，其他金属也会被氧化和腐蚀啊，是不是也要帮它们想想办法呢？

那是当然了。很多金属都有很大的用途，能用来为人类制造各种工具和器物，我们当然也要为它们采取各种有效的措施，防止它们被氧化和腐蚀。

前面提到的各种方法都能为其他金属服务，阻止它们被氧化腐蚀。但是哪种方法适用于哪种金属可就是一门大学问了。例如用镁做"替身"可以保护铝合金，但铝合金却并不比铝更耐腐蚀，外面反而要包铝来抗腐蚀。

小测验

一、本文介绍了哪些阻止钢铁氧化和腐蚀的方法？请总结并简单说明。

答：本文主要介绍了四种阻止钢铁氧化和腐蚀的方法：①加保护性涂层或衬里，例如在钢铁表面涂漆或在内部加上玻璃钢、塑料等材料，使钢铁和腐蚀物隔绝，起到防腐蚀作用。②用化学或电化学方法在钢铁表面制造出镀层，增强钢铁的抗腐蚀能力。③制造合金，增强钢铁自身的抗腐蚀能力。④采用牺牲阳极阴极保护法，用比铁更活泼的金属做"替身"来保护钢铁，避免腐蚀。

二、不锈钢真的在什么情况下都不会生锈吗？如果不是，为什么？

答：当然不是。普通的"不锈钢"只是在一般的环境下不会生锈，"不锈耐酸钢"才能适应强腐蚀环境。

三、钾、钙、钠为什么不能做钢铁的"替身"呢？用镁和镁合金做钢铁的"替身"又有什么危险？

答：钾、钙、钠太活泼了，自身不稳定、损耗大，又有危险性，所以不能做"替身"。镁和镁合金做"替身"时也会有撞击出火花和引起爆炸的危险。

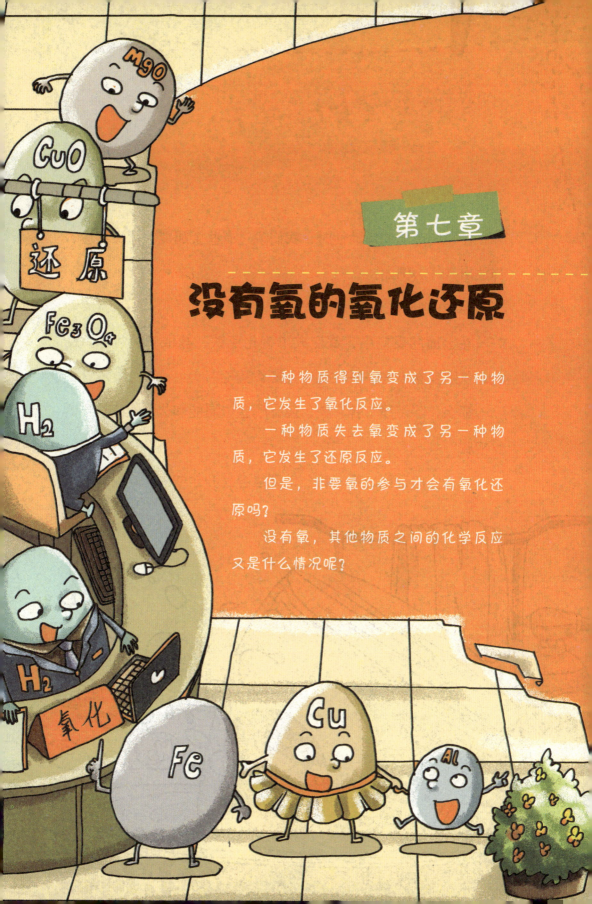

第七章

没有氧的氧化还原

一种物质得到氧变成了另一种物质，它发生了氧化反应。

一种物质失去氧变成了另一种物质，它发生了还原反应。

但是，非要氧的参与才会有氧化还原吗？

没有氧，其他物质之间的化学反应又是什么情况呢？

都来和氢比一比

在介绍金属的活动性时，我们说过有些金属能和盐酸反应，释放出氢气。例如：

$Fe+2HCl=FeCl_2+H_2\uparrow$

在上面的反应中，铁变成了氯化亚铁，盐酸中的氯和铁结合，氢则独立出来，两两成对变成了氢气。

那么，除了镁、锌、铁，还有哪些金属能和盐酸发生这样的反应呢？

大量实验证明，钾、钙、钠都很容易和盐酸反应，反应结果

释放出气体。这说明它们和镁、锌、铁一样，在盐酸中发生了类似的反应，释放出氢气。

实际上，钾和盐酸的反应要复杂一些，钙和钠则直接和盐酸反应，其化学反应方程式与铁和盐酸反应的方程式类似：

$Ca+2HCl=CaCl_2+H_2\uparrow$

$2Na+2HCl=2NaCl+H_2\uparrow$

此外，铝和锡也会和盐酸发生同样的反应：

$2Al+6HCl=2AlCl_3+3H_2$

$Zn+2HCl=ZnCl_2+H_2\uparrow$

当然，正像前面说过的，铜和盐酸几乎不发生反应或者说反应很慢，慢到让人难以察觉。金属活动性更差的汞就不用提了。而银和金则根本不和盐酸反应。

按照金属活动性顺序，排在铜以前的金属都能和盐酸反应，生成氢气和含有这种金属的氯化物。而从铜开始，活动性越弱的金属越是不会和氢反应，直至最后完全没有反应。

照这样看来，氢这种元素地位的确很重要。根据金属活动性的理论，氢的活动性应该是介于锡和铜之间，比铜更强，但是比锡却要弱些。因此，从钾到锡的金属都能从盐酸中置换出氢气，而铜、汞、银、金则不能。

现在，我们把氢也加入金属活动性顺序表里面，得到下面的排列：

钾、钙、钠、镁、铝、锌、铁、锡、（氢）、铜、汞、银、金

注意：氢并不是金属，这样排列只为了让大家明确氢与各种金属活动性的强弱顺序关系。

从这个顺序中，我们很容易发现活动性强的物质可以把活动性弱的物质从它的化合物中置换出来。而且两种物质之间的活动性强弱差别越大，置换反应就越容易发生：

镁和盐酸反应很剧烈，而且会很快产生大量的气泡。

锌和盐酸的反应也很明显，同样有大量气泡产生。

铁和盐酸也会发生反应并且产生气泡，但反应的剧烈程度明显减弱，产生的气泡也少。

锡和盐酸反应的程度已经很弱，产生的气泡也少得可怜了。

事实上，人们早就发现了金属和盐酸反应的这个特点，并且把它作为衡量金属活动性的一个标准。

而这一切，都和氢这种元素的性质以及它的活动性有关。

我们吃的盐是什么

我们每天吃的食物中都要加入盐，长期不摄入盐对人的健康不利。那么盐是什么呢？

在前面的化学反应中，钠和盐酸反应生成的氯化钠就是食用盐的主要成分。大家都知道海水是咸的，其实海水中就含有大量的盐分。每50吨左右的海水就能制出1吨食盐。除了氯化钠，氯化钾也可以作为代用盐，生产出低钠盐。

除此之外，医生给病人注射药剂用的生理盐水主要成分也是氯化钠，氯化钾也可以用作利尿剂。

盐酸硫酸怎么了

那么，是不是只有含有氢元素的盐酸有衡量金属活动性的作用呢？

当然不是。实验证明，稀硫酸同样会和排在铜之前的金属发生置换反应，释放出氢气，因此也可以作为衡量金属活动性强弱的标准。例如镁和硫酸反应：

$$Mg+H_2SO_4=MgSO_4+H_2\uparrow$$

这时，像镁和盐酸反应一样，加入镁的稀硫酸溶液也会放出热量，同时产生大量的气泡。

再观察和对比锌和稀硫酸、铁和稀硫酸的反应，我们会发现

反应的剧烈程度逐渐减弱，产生的气泡也越来越少了。

现在我们很容易想象，铜应该也不能和稀硫酸反应释放出氢气，金属活动性比铜更弱的汞、银、金当然也不能。如果你实际操作一下，就会发现你的想象是正确的。

在前面这些实验中，金属把稀硫酸中的氢气置换出来生成了氢气，同时金属成为对应的硫酸化合物。

那么，不管是金属和稀盐酸还是金属和稀硫酸，这些反应的本质到底是什么呢？

我们来发挥一下想象：在发生反应之前，金属是单质，是"独立"的；盐酸或硫酸则是化合物，是氢和别的元素化合在一起构成的，并不"孤单"。但是反应之后，金属和原来与氢化合在一起的别的元素构成了新的化合物，脱离了

"单身"；氢却"独立"出去，成为了单质状态的气体。

看看我们之前的实验，情况正是如此。

"独立"的钙遇到化合物盐酸，变成了新的化合物氯化钙；盐酸中的氢则"独立"出去，成了氢气，不再"孤单"。

铝和盐酸也是一样："独立"铝不见了，代之以氯化铝；氢成了"单身"。

还有锡和盐酸，"独立"的锡成了氯化亚锡；而氢"孤单"地飞走了。

对于硫酸也是一样：硫酸镁取代了"孤单"镁；硫酸中的氢获得了"独立"……

归根到底，金属把稀盐酸和稀硫酸中的氢抢了出来，又释放出去；而稀盐酸和稀硫酸中剩下的物质失去了它们的氢，不得已和金属结合在一起。

得失氧与捉放氢

在前面，我们说一种物质得到氧，它就被氧化，另一种物质失去氧，它就被还原。例如二氧化硅和碳在强热条件下发生的反应：

$$SiO_2+C=Si+CO_2\uparrow$$

碳得到氧变成了二氧化碳，它被氧化了；而二氧化硅失去氧变成了单质硅，其中的硅被还原。前面所有金属和稀盐酸或稀硫酸的反应都和这个反应类似：金属相当于这个反应中的碳，而稀

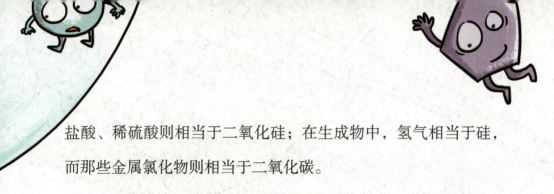

盐酸、稀硫酸则相当于二氧化硅；在生成物中，氢气相当于硅，而那些金属氯化物则相当于二氧化碳。

这些反应与二氧化硅和碳之间发生的氧化还原反应如此相似，它们真的和氧化还原反应没有关系吗？

实际上，随着科学的发展，人们渐渐意识到这些反应与氧化还原反应在本质上是一样的，只不过碳被氧化得到了氧，那些金属却"捉"了氢又"放"了氢，二氧化硅失去氧，其中的硅被还原，稀盐酸、稀硫酸中的氢却"独立"出去，恢复了自身的"自由"。

看到了吧，得到氧相当于"捉"了氢又"放"了氢，失去氧相当于氢的"独立"。如果从氢的角度考虑，这些

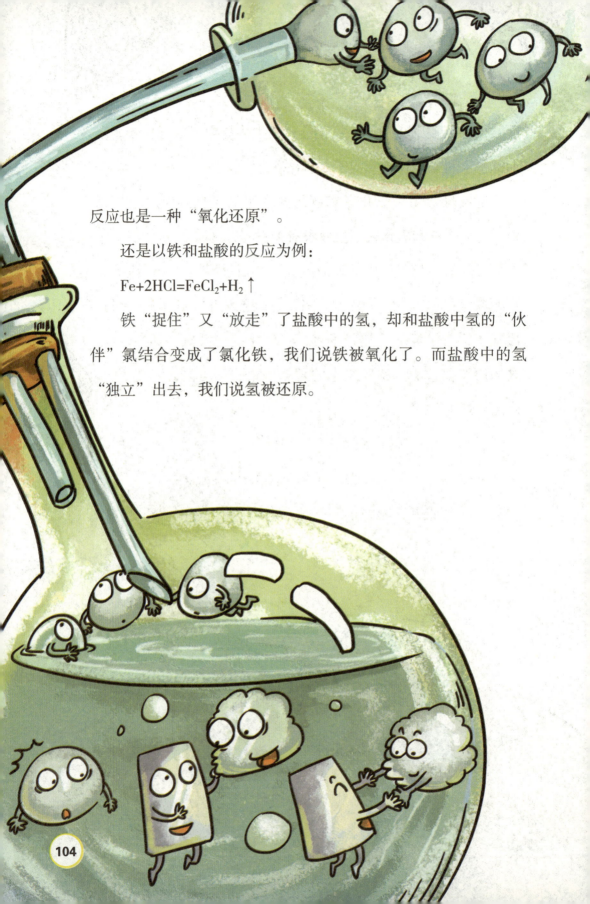

反应也是一种"氧化还原"。

还是以铁和盐酸的反应为例：

$Fe+2HCl=FeCl_2+H_2\uparrow$

铁"捉住"又"放走"了盐酸中的氢，却和盐酸中氢的"伙伴"氯结合变成了氯化铁，我们说铁被氧化了。而盐酸中的氢"独立"出去，我们说氢被还原。

这都是氧化还原

　　既然不是非要有氧参与才叫氧化还原，我们就该重新想想我们知道的那些化学反应了。

　　和前面那些金属与盐酸、稀硫酸反应最为类似的就是金属A把金属B从它的化合物中置换出来的反应了——比如下面这个反应：

　　$Fe+CuSO_4=Cu+FeSO_4$

　　铁从硫酸铜中"捉住"又"放走"了铜，而自己和铜原来的"伙伴"结合成硫酸亚铁，那么铁发

105

生了氧化反应；硫酸铜中的铜"独立"出去，铜被还原了。

像这样的置换反应还有一些，比如：

$2Al+3CuSO_4=3Cu+Al_2(SO_4)_3$

这时铝被氧化成硫酸铝，而铜被还原。

还有：

$Cu+2AgNO_3=2Ag+Cu(NO_3)_2$

这时铜被氧化成硝酸铜，而银被还原。

下面我们来看一下盐酸被电解的反应：

$2HCl=H_2\uparrow+Cl_2\uparrow$

那是我的。

谁说的，我原来就是这个样。

还给我，这才是你的真面目。

　　这是一个分解反应，一种化合物分解成了两种单质元素。那么这个反应是不是氧化还原反应呢？如果是，又是谁被氧化，谁被还原了呢？

　　从前面的例子我们知道，如果氢从盐酸中"独立"出来，那么它就属于被还原。在这个电解盐酸的反应中，氢从盐酸中"独立"了，所以盐酸中的氢被还原。

　　那么盐酸中的氯发生了什么反应呢？根据氧化和还原的对应关系，氢既然被还原，那么氯当然就是被氧化了。

所以我们说，在电解盐酸的时候，盐酸中的氯被氧化，而氢则被还原。

现在大家是不是想起了电解水？

$$2H_2O \xrightarrow{\text{电解}} 2H_2\uparrow + O_2\uparrow$$

在本书开头部分我们说电解水是一个还原过程，其实它也同时包含了氧化和还原反应：水中的氧被氧化，氢被还原。

氧也会被氧化，是不是很神奇？

小测验

一、为什么说稀盐酸和稀硫酸是衡量金属活动性的标准？都有哪些金属能够和它们发生反应？反应的结果是什么？

答：因为通过观察稀盐酸和稀硫酸与金属反应的剧烈程度和释放气体的多少，可以判断金属的活动性。钾、钙、钠、镁、铝、锌、铁、锡都可以和稀盐酸、稀硫酸反应。反应结果是生成对应的金属化合物和氢气。

二、如果从氢的角度考虑，氧化还原反应的实质是什么？请试着说明在下列反应中谁被氧化，谁被还原？

$2Na+H_2SO_4=Na_2SO_4+H_2\uparrow$

$2Al + 3H_2SO_4=Al_2(SO_4)_3 + 3H_2\uparrow$

答：从氢的角度考虑，"捉"了氢又"放"了氢的物质被氧化，氢从稀盐酸和稀硫酸中"独立"是被还原。在这两个化学反应中，钠和铝被氧化，硫酸中的氢被还原。

三、工业上用电解氯化钠的方法制取金属钠，反应方程式是：$2NaCl \xlongequal{\text{电解}} 2Na + Cl_2 \uparrow$，想一想，在这个反应中谁被氧化，谁被还原？

答：氯化钠中的氯被氧化，钠被还原。

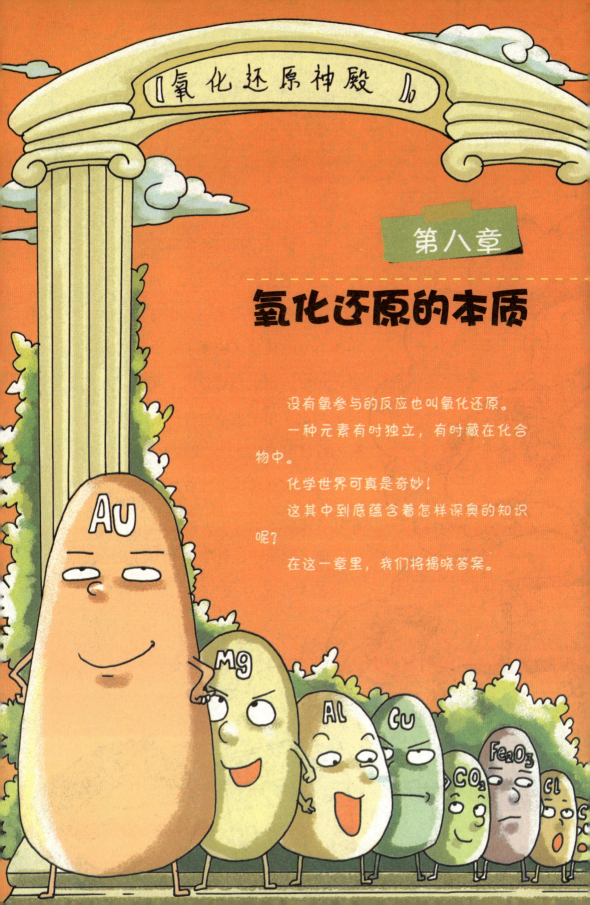

氧化还原神殿

第八章

氧化还原的本质

没有氧参与的反应也叫氧化还原。

一种元素有时独立，有时藏在化合物中。

化学世界可真是奇妙！

这其中到底蕴含着怎样深奥的知识呢？

在这一章里，我们将揭晓答案。

离子是什么

在生活中，我们经常听到"离子"这个词：妈妈去美发店美发，做了一个离子烫。家里今年新买了一台等离子电视，为了改善空气质量还购置了负离子空气净化器，很多人每天都喝着离子饮料，人类已经研制出了用于太空航行的离子发动机，科幻故事中还有威力巨大的离子炮……

这么多高科技中都有离子，那么离子是什么呢？

要了解离子，就要先了解物质元素存在的基本形态——原子。任何元素在理论

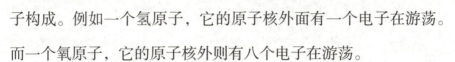

上都可以以原子形态存在，原子由一个原子核和在原子核外游荡的电子构成。例如一个氢原子，它的原子核外面有一个电子在游荡。而一个氧原子，它的原子核外则有八个电子在游荡。

说到电子，大家当然会想到电。没错，电子是带电的，每个电子带有一个负电荷的电量。而任何原子的原子核都带有和它外面游荡的电子数相同的正电荷电量。这么说好像不大容易理解，不过你可以想象一下：一个氢原子的原子核总是带着一个正电荷的电量，和在它外面游荡的那个电子的负电荷电量相等，保持着平衡。

同样的，一个氧原子的原子核则总是带着八个正电荷的电量，和在它外面游荡的那八个电子的负电荷电量相等，保持着平衡。

也就是说，当任何元素以原子形态存在的时候，它的原子核携带的正电荷数总是和核外电子携带的负电荷数相等，原子处于平衡状态。

但是如果别人家的电子闯进了这个原子的领地，又或者它自己的电子偷偷溜走了，情况又会怎么样呢？

这时，原子核的正电荷数与核外电子的负电荷数不再相等，平衡被打破，原子就变成了离子！

所以，离子就是原子核外电子数多于或少于原子核所携带的正电荷数时物质元素存在的状态。它是物质元素表现出来的一种不稳定状态。

谁发现了离子

几千年来，人们并不知道离子的存在。1884年，当时瑞典乌普萨拉大学的一位博士生斯凡特·阿伦尼乌斯在他的博士毕业论文中提出了离子的概念。但是他的老师却不大同意，以至于只是勉强让他及格。

不过，阿伦尼乌斯的理论终于得到了学术界的认同，他也因为这个发现和他对化学反应速率的研究成为一位著名的物理化学家，并在1903年获得诺贝尔化学奖。正是他，发现了离子，开创了电离理论。

阳离子和阴离子

在离子状态下，原子核外的电子数有时比原子核的正电荷数多，有时却少。因为电子所携带的是负电荷，所以如果电子多了，整个离子就呈现带负电状态，这时它叫阴离子（—），又叫负离子；如果电子少了，整个离子就呈现带正电状态，这时它叫阳离子（＋），又叫作正离子。

那么，什么时候离子会呈现带负电状态成为阴离子，又在什么时候能呈现带正电状态，表现出阳离子的样子呢？这个问题和物质元素的性质有关，不同的元素，它的离子状态也是不同的。

通常情况下，金属元素容易失去电子而成为阳离子。例如钾、钠这两种金属，在它们的原子核外游荡的电子总有一个喜欢"离家出走"，于是它们就成了正一价的阳离子。

在这里，"正一价"表示的是离子失去一个电子，带一个正电荷的状态。像这样用正负和数字表示的离子状态叫作化合价。正一价就是钾、钠这两种金属的化合价，用符号表示为：K^+，Na^+，这时"+"前面不用标出数字"1"。

钙和镁"家"的电子更不安分，会有两个"离家出走"，它们通常显示正二价，表示为：Ca^{2+}，Mg^{2+}。

铝和金经常会失去三个电子，它们的化合价是正三价：Al^{3+}，Au^{3+}。

铁比较奇怪，大多数时候它会失去三个电子，表现出正三价，也就是Fe^{3+}。但是有时候它又只失去两个电子，显示正二价，记作Fe^{2+}。对于正二价的铁离子，我们叫它亚铁离子。这就是为什么铁的氧化物有氧化铁（Fe_2O_3）和氧化亚铁（FeO）的区别的原因。

但四氧化三铁又是怎么回事呢？其实它是氧化铁和氧化亚铁的混合物——氧化铁中的二个铁离子三个氧离子和氧化亚铁中的一个铁离子一个氧离子混合，就成了三个铁离子加上四个氧离子的四氧化三铁。实际上，四氧化三铁是两种铁的氧化物。

除了金属元素，氢也经常呈现阳离子状态，这时候它是H^+。

很多非金属元素会呈现阴离子状态，比如盐酸和氯化钠中的负一价氯离子，记作Cl^-，还有负二价氧离子，记作O^{2-}。不过有些非金属既有阴离子，又有阳离子。比如硫，它可以和氢构成硫化氢（H_2S），这里硫呈现负二价，即S^{2-}，但在二氧化硫中它是正四价的S^{4+}，在三氧化硫中它又是正六价的S^{6+}。

在我们前面经常提到的硫酸中，SO_4被看成一个整体，叫作原子团，又叫酸根，其中的S呈正六价，O呈负二价，因为有4个O，所以硫酸根整体呈负二价，记作SO_4^{2-}。

像硫一样，碳也有两种不同的正化合价：C^{2+}和C^{4+}。

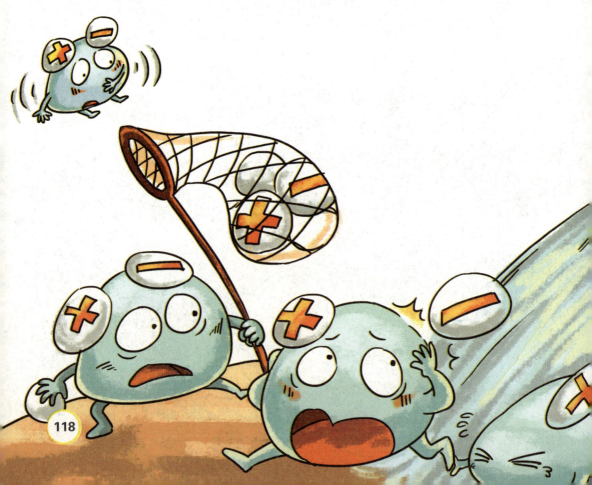

争夺的是电子

既然物质元素有原子态和离子态，那么单质和化合物是物质元素的什么形态呢？

大多数情况下，单质是物质以原子态存在的情况。而在化合物中，物质元素全都呈现出离子状态。

比如水（H_2O）中的氢离子为正一价，氧离子为负二价。两个氢离子携带的两个正电荷恰好和一个氧离子携带的两个负电荷相等，形成了平衡，所以水是稳定的。

再比如盐酸，Na^+和Cl^-的正负电荷平衡，盐酸的总化合价为零，它也是稳定的。

还有硫酸，$2H^+$和SO_4^{2-}平衡了，于是形成了H_2SO_4。

至于氧化铁，$2Fe^{3+}$呈现正六价，$3O^{2-}$则是负六价，恰好平衡。

现在让我们再来看碳和氧气燃烧的反应：$C+O_2=CO_2$

当它们分别作为单质存在时，它们原子核携带的正电荷数与外围电子数相等，呈现稳定状态。燃烧时，碳原子失去四个电子，变成了正四价的碳离子C^{4+}，氧原子得到两个电子，成为负二价的氧离子O^{2-}。然后两个氧离子和一个碳离子结合，形成

了二氧化碳。

原来碳和氧燃烧这个化合反应实际的变化是这样的！

那么碳原子原本的电子到哪儿去了？氧离子的电子又是从哪儿来的？

我们当然很容易想到，碳原子的电子去了氧原子那儿，于是碳原子成了碳离子。氧原子得到这些电子，成了氧离子。

原来，氧原子抢走了碳原子的电子。或者说电子从碳原子那儿转移到了氧原子那儿。

重新再看 氧化还原

在碳和氧气燃烧的这个化学反应中，谁被氧化，谁又被还原了呢？从我们最初对氧化的定义很容易知道，碳得到氧，所以它被氧化了，对应的，氧气被还原了。

而实际发生的变化是：碳原子的电子被夺走，而氧原子夺得了电子。或者说在这个氧化还原反应过程中有电子发生了转移，从碳原子处移动到了氧原子处。

这就是氧化还原反应的本质。

在这个过程中，碳的化合价升高——从0到+4，氧的化合价降低——从0到-2。然而更准确的表达方法是：碳的氧化数升高了，而氧的氧化数降低了。

氧化数虽然和化合价不一样，但要判断一种元素的氧化数是否发生了变化，只要看它的化合价就行了。化合价升高或降低，也就是氧化数升高或降低了。

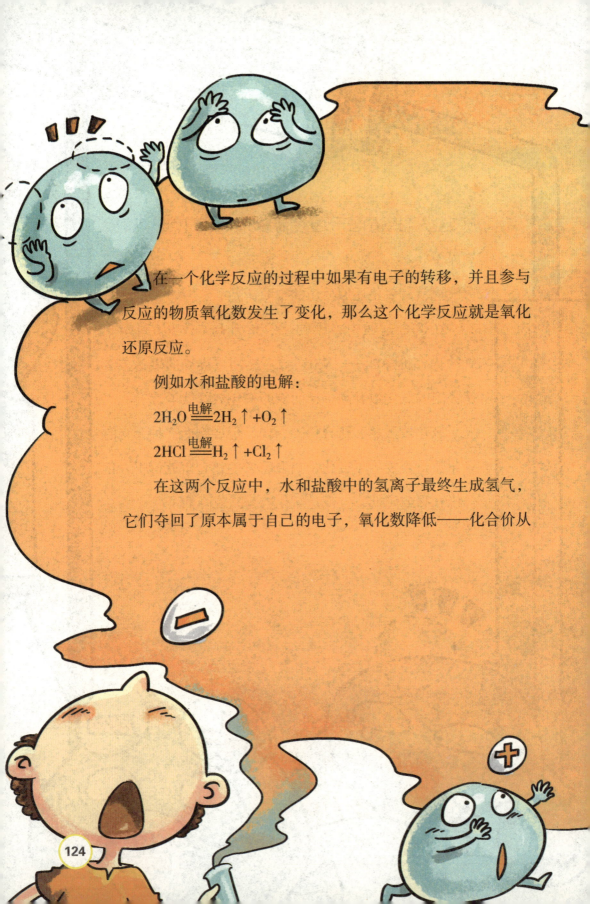

在一个化学反应的过程中如果有电子的转移，并且参与反应的物质氧化数发生了变化，那么这个化学反应就是氧化还原反应。

例如水和盐酸的电解：

$$2H_2O \xrightarrow{\text{电解}} 2H_2\uparrow + O_2\uparrow$$

$$2HCl \xrightarrow{\text{电解}} H_2\uparrow + Cl_2\uparrow$$

在这两个反应中，水和盐酸中的氢离子最终生成氢气，它们夺回了原本属于自己的电子，氧化数降低——化合价从

+1到0；而它们中的氧离子和氯离子失去了多余的电子，它们的氧化数升高——氧离子化合价从-2到0，氯离子化合价从-1到0。

所以我们可以说，这两个反应都是氧化还原反应。

当然，对于金属和稀盐酸或稀硫酸之间发生的置换反应也一样，在反应中氢离子氧化数降低被还原，而金属氧化数升高被氧化。只不过在这些反应中，盐酸中的氯离子和硫酸中的硫酸根离子在反应前后氧化数都没有发生变化，所以它们既没有被氧化，也没有被还原。

小测验

一、你能简单地描述出来原子、离子的结构形态吗？如果一种物质元素原子核携带47个正电荷，它在原子态时的核外电子有多少个？这种元素离子态化合价通常是3+，这时它的核外电子有多少个？另一种物质元素原子核携带14个正电荷，它的一种离子态化合价为4-，这时它的核外电子有多少个？

答：物质元素的原子由原子核及核外电子构成。当它处于原子态时，它的原子核携带的正电荷数与核外电子数相等。当核外电子数多于或少于原子核携带的正电荷数时，这种物质元素处于离子态。这种元素原子态时核外电子数为47，正三价离子态时核外电子数为44。这种元素原子态时核外电子数为14，负四价离子态时核外电子数为18。

二、制取氨气的化学反应方程式是：$3H_2+N_2=2NH_3$，在这个化学反应中，氢离子是阴离子，记作H^-那么氮离子呢？它的化合价是多少，应该怎样写？在反应过程中，谁被氧化？谁被还原？

答：氮离子是氧离子，化合价为3+，记作N^{3+}。在反应过程中，氮气被氧化，氢气被还原。

三、一氧化碳在氧气中燃烧的化学反应方程式为：$2CO+O_2=2CO_2$。在这个反应中，谁的氧化数升高被氧化？谁的氧化数降低被还原？

答：一氧化碳中的碳离子氧化数升高被氧化，氧气中的氧原子氧化数降低被还原。

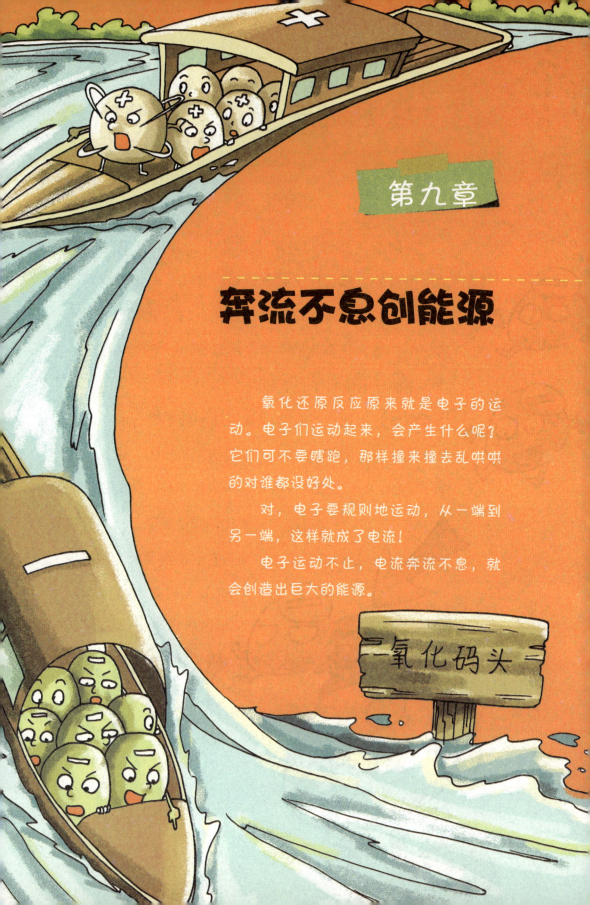

第九章

奔流不息创能源

氧化还原反应原来就是电子的运动。电子们运动起来，会产生什么呢？它们可不要瞎跑，那样撞来撞去乱哄哄的对谁都没好处。

对，电子要规则地运动，从一端到另一端，这样就成了电流！

电子运动不止，电流奔流不息，就会创造出巨大的能源。

氧化码头

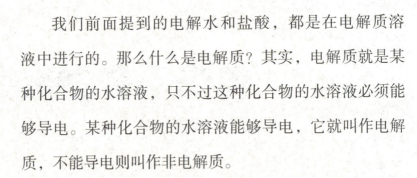

电子在电解质中的运动

我们前面提到的电解水和盐酸，都是在电解质溶液中进行的。那么什么是电解质？其实，电解质就是某种化合物的水溶液，只不过这种化合物的水溶液必须能够导电。某种化合物的水溶液能够导电，它就叫作电解质，不能导电则叫作非电解质。

电解过程通常是在酸、碱或盐溶液中进行的。做电解水实验时，我们通常加入硫酸钠（Na_2SO_4）或氢氧化钠（NaOH），这样可以使水的导电性更好。硫酸钠就是一种金属盐，氢氧化钠则是强碱。很多金属盐都能溶于水，而且它们都能导电，这些导电的金属盐水溶液都是电解质溶液。

硫酸铜、氯化亚铁、氯化钠等都是金属盐，它们的水溶液都可以作为电解质。

在电解质水溶液中，金属盐中的阴阳离子都是"自由"的，它们四处"游荡"，而不是老老实实地待在一个地方。但是当我们给电解质溶液通上电，阴阳离子的运动就有了方向：这时，金属阳离子因为带正电而被电源的负极吸引，向负极运动；而硫酸根离子、氯离子等阴离子则因为带负电而向正极运动。

金属表面电镀的过程，就是电解质中的金属阳离子运动到负极，在那里获得电子还原成原子，并附着在构成负极的金属表面形成镀层的过程。

通电状态下，电解溶液中的离子会朝着固定方向运动，实际上，溶液中的电子也在运动——它们因为带负电被正极吸引，因此向正极运动。

从正极到负极

如果一个导体被通电，我们就说这个导体中有电流通过。电解溶液能导电，当然是导体。当电解溶液被通电时，它的内部就有电流通过。那么，电流在导体中如何通过，它又是沿着什么方向运动的呢？

在导体中，电子从负极向正极运动。但是人们规定，电流的方向和电子运动的方向相反——电流是从正极到负极。

实际上电流并不是一种真实存在的物质，而只是人们对"电"这种"神秘而有力量"的现象的描述。在电解溶液中，阳离子向负极运动，但它们不是电流，而只是带着形成电流的正电荷。阴离子向正极运动，它们也不是电流，而是带着有负电荷的电子——负电荷运动的相反方向是电流的方向。

电对现代人意义重大，人们的生产生活时时刻刻都离不开它。我们家里的电灯、电话、电脑、电视、电冰箱、洗衣机、微波炉、电磁炉全都需要电，工厂里的机器设备、汽车里的许多装备也都要依靠电。那么电从哪里来？人们又怎样才能把它储存起来，当需要的时候再释放出来？

既然电子是电流形成的主要原因，人们又希望"电"发挥它的"力量"为人类服务，那么能不能想办法让电子自己向正极运动，产生出电流呢？

在铁从硫酸铜中置换出铜的实验中，铁把电子给了铜离子，让铜还原，自己则失去电子氧化成了亚铁离子。之所以会发生这样的氧化还原反应，是铁和铜金属活动性不同造成的。

那么，如果找两种活动性不同的金属，让它们分别充当电路的正负极，用合适的电解质溶液来做导体，使活动性强的金属氧化成阳离子放出电子，这些电子就会向活动性弱的金属运动，这样电子发生了定向运动，不就产生电流了吗？

电池的发明

第一个把这种想法变成现实的是意大利物理学家亚历山德罗·伏特。他设计了一种装置，这种装置由很多相同的部分组成，每部分都有一块锌板和一块铜板，中间夹上浸了盐酸或者硫酸的布片或纸板。这样，这种装置的每一部分就都成了一个电路。

在这个电路中，锌因为和盐酸或硫酸反应生成氯化锌（$ZnCl_2$）或硫酸锌（$ZnSO_4$），这时锌成了锌离子并失去电子。这些电子向活动性更弱的铜运动，在那里和氢离子反应生成氢

锌板

浸了盐酸的布片

铜板

伏打电堆原理

气，聚集在铜板附近，这样电子发生了移动，从锌板到铜板，就形成了电流。

这两个化学反应可以表示成：

$Zn+2HCl=ZnCl_2+H_2\uparrow$

$Zn+H_2SO_4=ZnSO_4+H_2\uparrow$

还可以表示成：

$Zn+2H^+=Zn^{2+}+2H$

下面这个方程式叫离子方程式，它只表示出化合价（或者说氧化数）发生变化的物质，而不考虑其他参与化学反应，但化合价或氧化数没有发生变化的物质。

从离子方程式更容易看出哪种物质发生了变化，也更容易判断谁被氧化，谁被还原。

锌 放出电子

吸引电子 铜

形成了电流

　　实验很成功，伏特真的创造出了电流！这套装置就是世界上第一个电池，因为它是一块锌板一块铜板这样堆起来的，又因为伏特还可以译为伏打，所以这种电池又叫伏打电堆。

　　在伏打电堆中，锌因为活动性强被氧化放出了电子，所以锌是负极。而铜因为活动性弱吸引了电子，所以铜是正极。但铜并没有被还原，被还原的是盐酸或硫酸中的氢离子。

　　伏特很伟大，他给了我们存储着电能的电池，在我们需要使用的时候可以释放出电流。但是伏打电堆有一个缺陷——氢气聚集在铜板附近释放不出去，它们挡住了铜板，妨碍新的电子被吸引过来发生反应。很快地，伏打电堆的电量就会下降，渐渐就不会形成电流了。

氢气挡住正极让它发挥不了作用，这种现象叫极化现象。极化现象影响了电池的寿命，所以伏打电堆还不是很实用的电池。

电池发明家伏特

伏特是意大利人，他从小生活在科莫，后来成了科莫皇家学院的物理学教授。伏特一生研究了很多物理和化学现象，他发现了甲烷，还为电学理论做出不少贡献。甲烷是天然气、瓦斯的主要成分，可以燃烧，现在是人们使用的一种重要燃料。

1800年，他发明了伏打电堆。这是他最伟大的发明，从此人们开始发明和制造出更多更好的电池，这都是他的功绩。电压的单位伏特就是用他的名字命名的。

好不容易有了伏打电堆，它却偏偏是短命鬼。这怎么可以？我们要电流，不要极化！

为了解决这个问题，一些科学家在努力工作和探索，希望找到一种方法消除极化现象。1836年，英国化学家和物理学家约翰·弗雷德里克·丹尼尔找到了解决的办法！

丹尼尔将伏打电堆改装成两个"半电池"，其中一半是把锌片插入硫酸锌溶液做负极，另一半则把铜片插入硫酸铜溶液做正极。在两个"半电池"之间，聪明的丹尼尔加上了一个装置——盐桥。盐桥中也有电解质，一般是高浓度氯化钾，还要加上琼脂使它变成一种接近固态的胶凝状态。

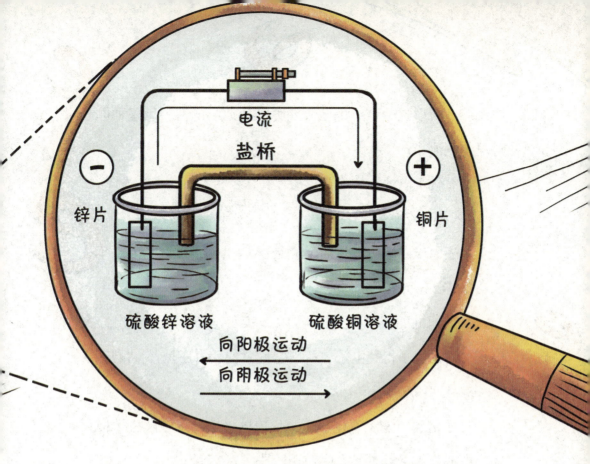

在这个新装置中，负极的锌片溶解到硫酸锌中放出了电子，这些电子通过盐桥向活动性较弱的正极铜片方向移动，在硫酸铜溶液中，铜离子得到电子还原成铜。这样，电子不断从锌片负极的"半电池"向铜片正极的"半电池"运动，就形成了电流。

最重要的是，在这个装置中，铜片正极附近不会发生生成氢气的反应，使氢气挡在铜片周围，阻碍铜片发挥正极吸引电子的作用，减轻了极化现象。

在这两个"半电池"中，正极锌片"半电池"锌原子释放电子变成锌离子，发生了氧化反应，所以这个"半电池"叫作"氧化半电池"；负极铜片"半电池"中铜离子得到电子，发生了还原反应，所以这个"半电池"叫作"还原半电池"。这种电池叫丹尼尔电池。

"氧化半电池"发生的反应是：

$Zn-2e \rightarrow Zn^{2+}$

"还原半电池"发生的反应是：

$Cu^{2+}+2e \rightarrow Cu$

在上面的两个"半反应"中，e表示电子，可以看出锌失去电子，而铜离子得到电子，所以它们总的反应还是置换反应：

$Zn+Cu^{2+}=Zn^{2+}+Cu$

丹尼尔利用隔离氧化和还原反应的办法巧妙地解决了极化问题，电池终于可以进入实际使用阶段了。

那些新电池

无论是伏打电堆还是丹尼尔电池，都是把两种不同的金属插入电解质溶液中，通过氧化还原反应产生电流。这种电池都叫作原电池。它们都采用了化学方法发电，所以都属于化学电池。

我们在日常生活中使用的很多电池都是化学电池。

比如干电池，我们又叫它碱性电池。干电池使用的电解质溶液是氢氧化钾（KOH），它的正极是锌，负极是二氧化锰（MnO_2）。干电池体积小、能量大，使用起来很方便，而且保质期也很长，是一种非常实用的电池。但是，干电池放时间长了，电解质会泄漏出来，污染环境。所以干电池电源耗尽后要尽快送到指定的垃圾回收站。

锌

电解质溶液是氢氧化钾

二氧化锰

现在我们常用的原电池还有锂电池。它是一种以金属锂或锂合金为负极的电池。计算器、手表等电子产品使用的都是锂电池，植入人体的心脏起搏器也要用锂电池。

人们又研究和发明出可以反复使用的电池——蓄电池和可充电电池。

汽车的点火装置使用的就是蓄电池。这是一种铅酸蓄电池，能够反复充电使用，但是体积较大，很笨重，而且对环境有污染。后来，人们又先后发明了镍镉电池和镍氢电池，它们体积很小，携带方便，而且都可以反复充电上千次。

此外，人们还发明了燃料电池，用于高科技领域。

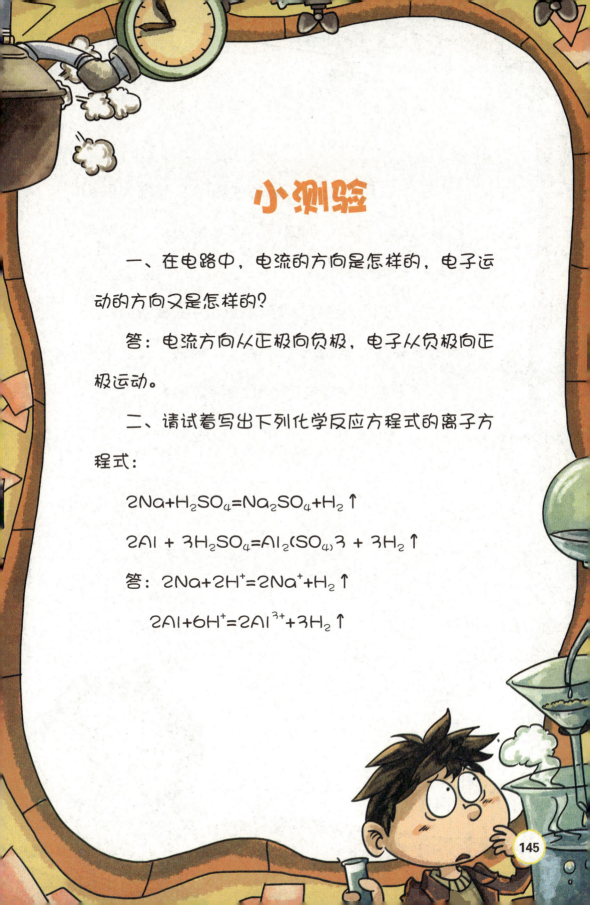

小测验

一、在电路中，电流的方向是怎样的，电子运动的方向又是怎样的？

答：电流方向从正极向负极，电子从负极向正极运动。

二、请试着写出下列化学反应方程式的离子方程式：

$$2Na+H_2SO_4=Na_2SO_4+H_2\uparrow$$

$$2Al + 3H_2SO_4=Al_2(SO_4)_3 + 3H_2\uparrow$$

答：$2Na+2H^+=2Na^++H_2\uparrow$

$2Al+6H^+=2Al^{3+}+3H_2\uparrow$

三、在原电池中，活动性强的金属作为正极还是负极？活动性弱的呢？除了原电池，还有哪两种化学电池？

答：在原电池中，活动性强的金属做负极，活动性弱的金属做正极。除了原电池，化学电池还有蓄电池（充电电池）和燃料电池。

第十章

氧化还原的大贡献

原来这个世界每天都在进行着氧化还原的"电子争夺战"。

从自然界，到人体内，到人类的衣食住行，还有工厂实验室，车、船、飞机、火箭……

氧化还原无时无刻不在为人类做出巨大的贡献！

氧化创能量，还原提供氧

O₂

自然界为人类生存提供的最大保障是什么？除了阳光、土地、水，还有氧气……

没有氧气，人类就无法呼吸，无法在体内进行呼吸作用，将摄入的养分分解，释放能量，供给人体的生命活动使用。

正是因为有了氧气的参与，人类才能在体内进行属于氧化反应的呼吸作用，创造出能量。

氧化反应是人类制造能量的"法宝"。

绝大多数的动物和植物制造能量也都要依靠氧化反应呢。

人体内的氧化反应是一个非常复杂的过程，但这个过程总要有"酶"的参与。帮助人体进行氧化反应的"酶"是生物酶，它们对氧

光合作用

化反应起到了催化剂的作用，它们的功劳可大啦！

人和动植物消耗的氧，要靠植物补充回来，以保持大气中氧含量的平衡。

植物在光合作用的过程中制造出氧，这个过程主要是还原反应。叶绿素是光合作用这一还原反应的"功臣"。

所以，绿色植物就是为地球"吸入"氧气的肺。世界上最大的热带雨林——亚马孙雨林为地球提供了20%的氧气，是当之无愧的"地球之肺"。

要什么"炼"什么，好好利用它

好多物质"藏身"在自然界，就是靠氧化物来"伪装"。

人类要利用这些物质，就要靠氧化还原反应让这些物质"现身"出来。

人类最早开始使用的金属是铜。正是依靠高温氧化还原反应，我们的祖先从天然铜矿中获得铜，然后经过精炼提纯，再加入适当的其他金属，例如锡，制造出青铜。这样，祖先们就有了比石器更坚硬、锋利，也更容易制造的武器和工具，人类也进入了青铜器时代。

前面我们已经提到，铁的冶炼也要依靠氧化还原反应。大家还记得冶炼铁的化学原理和相关的化学反应方程式吗？

$$Fe_2O_3+3CO=2Fe+3CO_2\uparrow$$

现在我们再来看这个化学反应，在反应过程中，谁被氧化，谁被还原了呢？没错，一氧化碳中的碳氧化数升高——从C^{2+}到C^{4+}，所以它被氧化。而氧化铁中的铁氧化数降低——从Fe^{3+}到Fe，所以它被还原。

实际上，很多金属都是人类利用氧化还原反应从它们"藏身"的物质中提炼出来的。

例如工业制取镁和钙的化学反应方程式为：

$$MgCl_2 \xlongequal{\text{熔融}} Mg + Cl_2 \uparrow$$

$$CaCl_2 \xlongequal{\text{熔融}} Ca + Cl_2 \uparrow$$

现在我们很容易知道，上面这两个反应也是氧化还原反应。

氧化还原既有有利的一面，也有不利的一面。

我们喜欢氧化还原帮助我们酿造出美味的酒类和各种调味品，也希望它在面包等食物的发酵过程中发挥好的作用；但是我们不喜欢食物很快就会腐烂变质，也不希望它让食物发出异味，或者破坏食物的口感。

氧化还原促进了新陈代谢，让我们正常健康地生长发育。但是它同时也使得皮肤衰老，令我们青春不在。

因为有了氧化还原，一些食物的表面会发生褐变。

因为有了氧化还原，金属，尤其是钢铁会生锈，降低了它们的使用寿命，增加了危险性。

人类正在运用科学技术的力量征服和利用氧化还原，让好的氧化还原反应能更好地发挥它们的作用，减少、降低和阻止不好的氧化还原反应危害人类的健康和生活。

小测验

一、下列生产、生活中的事例不属于氧化还原反应的是（　　）

A. 金属冶炼　　　B. 燃放鞭炮

C. 食物腐败　　　D. 点制豆腐

答：金属冶炼是由化合物到单质，属于氧化还原反应；燃放鞭炮是燃烧反应，属于氧化还原反应；食物腐败是微生物缓慢氧化，属于氧化还原反应；点制豆腐属于胶体沉淀，不属于氧化还原反应，故选D。

二、下列有关四种基本反应类型与氧化还原反应关系的说法中正确的是（ ）

A．化合反应一定不是氧化还原反应

B．分解反应一定不是氧化还原反应

C．置换反应一定是氧化还原反应

D．复分解反应一定是氧化还原反应

答：四种基本反应类型中有单质参加的化合反应和有单质生成的分解反应中都有元素化合价的升降，都是氧化还原反应；但复分解反应中没有元素化合价的变化，一定不是氧化还原反应；置换反应是有单质参加也有单质生成的反应，肯定会伴随化合价的变化，一定是氧化还原反应，故C的说法是正确的。